Jérôme Bouquet

Génomique du virus de l'hépatite E

Jérôme Bouquet

Génomique du virus de l'hépatite E

Application des outils de génomiques à l'étude du caractère zoonotique du virus de l'hépatite E

Presses Académiques Francophones

Impressum / Mentions légales

Bibliografische Information der Deutschen Nationalbibliothek: Die Deutsche Nationalbibliothek verzeichnet diese Publikation in der Deutschen Nationalbibliografie; detaillierte bibliografische Daten sind im Internet über http://dnb.d-nb.de abrufbar.
Alle in diesem Buch genannten Marken und Produktnamen unterliegen warenzeichen-, marken- oder patentrechtlichem Schutz bzw. sind Warenzeichen oder eingetragene Warenzeichen der jeweiligen Inhaber. Die Wiedergabe von Marken, Produktnamen, Gebrauchsnamen, Handelsnamen, Warenbezeichnungen u.s.w. in diesem Werk berechtigt auch ohne besondere Kennzeichnung nicht zu der Annahme, dass solche Namen im Sinne der Warenzeichen- und Markenschutzgesetzgebung als frei zu betrachten wären und daher von jedermann benutzt werden dürften.

Information bibliographique publiée par la Deutsche Nationalbibliothek: La Deutsche Nationalbibliothek inscrit cette publication à la Deutsche Nationalbibliografie; des données bibliographiques détaillées sont disponibles sur internet à l'adresse http://dnb.d-nb.de.
Toutes marques et noms de produits mentionnés dans ce livre demeurent sous la protection des marques, des marques déposées et des brevets, et sont des marques ou des marques déposées de leurs détenteurs respectifs. L'utilisation des marques, noms de produits, noms communs, noms commerciaux, descriptions de produits, etc, même sans qu'ils soient mentionnés de façon particulière dans ce livre ne signifie en aucune façon que ces noms peuvent être utilisés sans restriction à l'égard de la législation pour la protection des marques et des marques déposées et pourraient donc être utilisés par quiconque.

Coverbild / Photo de couverture: www.ingimage.com

Verlag / Editeur:
Presses Académiques Francophones
ist ein Imprint der / est une marque déposée de
AV Akademikerverlag GmbH & Co. KG
Heinrich-Böcking-Str. 6-8, 66121 Saarbrücken, Deutschland / Allemagne
Email: info@presses-academiques.com

Herstellung: siehe letzte Seite /
Impression: voir la dernière page
ISBN: 978-3-8381-7863-9

UPMC

SORBONNE UNIVERSITÉS

THESE DE DOCTORAT DE L'UNIVERSITE PIERRE ET MARIE CURIE

Discipline : Sciences de la Vie
Spécialité : Virologie

Ecole Doctorale 515 Complexité du Vivant

Présentée par

Jérôme BOUQUET

Sujet de la thèse :

Génomique d'un virus zoonotique à ARN : le cas particulier du virus de l'hépatite E

soutenue le **27 Septembre 2012**, devant le jury composé de :

Rapporteurs	Dr. Jacques IZOPET, Professeur des Universités, Université Paul Sabatier, Toulouse
	Dr. Francis DELPEYROUX, Directeur de Recherche, Institut Pasteur, Paris
Examinateurs	Dr. Soizick LE GUYADER, Directeur de Recherche, IFREMER, Nantes
	Dr. Vincent MARECHAL, Professeur des Universités, Université Pierre et Marie Curie, Paris
	Dr. Philippe MARRIANEAU, Directeur de Recherche, ANSES, Lyon
Directeur de thèse	Dr. Nicole PAVIO, Directrice de Recherche, ANSES, Maisons-Alfort

Ce travail a été réalisé au sein de l'UMR 1161 de Virologie, INRA-ANSES-ENVA.

Dans l'équipe « Virus entériques et barrière d'espèces »

Sous la direction de Nicole Pavio

Ce travail a été financé par une bourse de recherche doctorale de l'ANSES

REMERCIEMENTS

Je tiens tout d'abord à exprimer ma reconnaissance aux membres du Jury. Je suis sensible à l'honneur que me font le Pr Jacques Izopet et le Dr Francis Delpeyroux d'avoir accepté d'être les rapporteurs de ce manuscrit. Je tiens également à remercier le Dr Soizick Le Guyader, le Pr Vincent Maréchal et le Dr Philippe Marianneau pour avoir accepté d'être les examinateurs de ce travail de thèse.

Je ne saurai être plus reconnaissant à ma directrice de thèse, le Dr Nicole Pavio pour avoir été à l'origine de ce projet de thèse, pour avoir donné sa chance à un ingénieur sans connaissance en virologie ni bioinformatique et pour s'être investi jusqu'au bout dans cette expérience. Pour ne citer qu'un exemple : avoir suivi les cours de formation à l'encadrement d'une thèse démontre son implication active et son sens de la responsabilité. Nicole, je te remercie de m'avoir proposé et conduit vers des sujets pleins de succès, de m'avoir orienté lorsque j'en avais besoin, mais aussi permis d'explorer seul et laissé la liberté de développer mon propre sujet. Je te souhaite enfin tout plein de bonheur avec la nouvelle petite princesse que j'ai hâte de voir grandir.

Merci au Pr Marc Eloit pour m'avoir proposé un sujet qui m'a enthousiasmé dès le début et toujours encore, bien qu'il soit terminé. Merci d'avoir ouvert au labo la porte à des nouvelles possibilités technologiques. Merci à ton équipe. Merci pour ton soutien.

Je voudrai par la suite remercier tout le laboratoire, dans lequel je n'y trouve pas simplement des collègues, mais des amis.

-Le Dr Stéphan Zientara, tout d'abord, directeur de l'unité, pour son ouverture d'esprit et ses encouragements qui font du laboratoire, une unité de qualité, vivante et pleine de projets ;

-Le Dr Jennifer Richardson, directrice adjointe de l'unité, pour sa disponibilité, sa patience et son excellence ;

-Mon équipe VHE bien sûr : avec hier Aurélie et Thiziri, et aujourd'hui Elodie, Sophie et Marine. Merci d'avoir partagé avec moi ces trois ans, parfois les mains dans le caca (poétique hein ?), plus souvent à discuter autour d'un thé. Merci de m'avoir aidé que ca soit pour prélever des cochons, faire des PCR ou déménager les -80°C une énième fois. Merci, on a beau écrire un manuscrit seul, les résultats sont un travail d'équipe ;

-Les thésards du bureau du fond avec Emilie, Xiao Cui, Margot, Muhammad, Anne-Laure, et Chloé. Emilie, jumelle de thèse avec qui j'ai partagé cette route tout du long et bien plus. Xiao Cui toujours le cœur sur la main, tu vas me manquer, Muhammad à qui je souhaite tout le bonheur avec sa petite famille. Margot que je vais rejoindre aux USA. Anne-laure et Chloé à qui je souhaite une thèse sans trop de déboires (il en faut bien un peu sinon ce n'est pas une thèse) ;

Un grand merci à toutes les équipes du labo :

-L'équipe mouton à langue bleu : Damien, Micheline, Estelle, Virginie du côté Bressou et Corinne, Manu, Cyril, Alexandra côté Zone. Merci !

-L'équipe fièvre aphteuse : Labib, Kamila (réserves tes billets pour SF), Anthony, Aurore, Lela, Sandra BB, Emilye. Merci !

-L'équipe Corona avec Sophie, Lidia. Merci !

-L'équipe West Nile : Sylvie, Céline (le bout du tunnel, on y est), Steeve, Josiane.

-L'équipe Borna : Muriel, Marielle, Emilie D, sans oublier Dragan, Cécilia. Merci !

-L'équipe Adéno avec Sandra G, Bernard, José, Cory, Annie. Merci !

-Et un très grand Merci au secrétariat et aides techniques : Pascale, Françoise, Olivier, Aurélia, Dominique.

Merci aussi :

Le CRBM de Thomas Lilin pour les expérimentations sur cochon avec Francis, Benoit et Mickaël

L'équipe de Génét d'en bas. L'équipe de Patho d'en haut. La Viro des aliments.

Le YRLS, la meilleure conf' au monde. Bonne chance à ceux qui prendront le relais. J'espère pouvoir revenir les années suivantes. Keep up the good work!

L'école doctorale 515 Complexité du Vivant, Muriel, Elisabeth et la promo 2009 !

Merci à ma famille pour m'avoir mené jusqu'ici, de m'avoir soutenu pendant toute ma vie et durant ses loooongues études. Merci Maman, Papa, Jean-Baptiste, Amaury, Grand-mère. Merci Lysiane, Natha, Térence. Nous ne sommes jamais loin, que géographiquement parfois.

Et bien sûr les amis, tous, ceux avec qui j'ai discuté sans fin, partagé les bons moments, les galères, la route, les coups de gueule, les gueule de bois, la vie.

Ces bons moments qui existent juste par le fait d'être ensemble, cette bonne humeur qui élève, ces intérêts multiples et ces découvertes communes. Ceux qui grandissent avec vous. C'est le passage d'une époque, une fin de thèse, mais on sait qu'on ne se quitte pas pour autant, où qu'on soit, où qu'on aille. Merci, vous me manquez déjà, tout le temps. Merci du fond du cœur, d'être là et de partager ma vie.

And of course, it goes without saying that I dedicate this work to my beloved, Mark, baby. Our life might have had its ups and downs, just like a thesis, but I wouldn't change it for the world. Thank you for following me, supporting me. I love you.

Nous ne sommes jamais isolés et la qualité de ce que l'on produit vient de la qualité des gens qui vous entourent. Merci à tous pour cette réussite.

Un virus dans l'assiette

Un virus dans l'éprouvette

Un virus dans l'ordinateur

SOMMAIRE

LISTE DES FIGURES

LISTE DES TABLEAUX

LISTE DES ABBREVIATIONS

A	Adénine
AA	Acide aminé
ACE-2	Angiotensin converting enzyme 2
ADN	Acide désoxyribonucléique
ADNc	Acide désoxyribonucléique complémentaire
ARN	Acide ribonucléique
ARNdb	Acide ribonucléique double brin
ARNm	Acide ribonucléique messager
ARNss(+)	Acide ribonucléique simple brin positif
ARNss(-)	Acide ribonucléique simple brin négatif
ARNt	Acide ribonucléique de transfert
BET	Bromure d'éthidium
C	Cytosine
ChikV	Virus du Chikungunya
CpG	Cytosine phosphate Guanosine
dN/dS	taux de substitution Non-synonymes/ Synonymes
dNTP	désoxy nucléotide triphosphate
Dpi	Days post-infection
ELISA	Enzyme-linked immunosorbent assay
EMCV	Encephalomyocarditis virus
G	Guanine
GE	Génome équivalent
H1N1	Hémagglutinine 1 Neuraminidase 1
H5N1	Hémagglutinine 5 Neuraminidase 1
H7N1	Hémagglutinine 7 Neuraminidase 1
HRV	Hypervariable region

ICTV	International committee on the taxonomy of viruses
IFN	Interféron
Ig	Immunoglobuline
jpi	jours post-infection
kDa	Kilodalton
Kb	Kilobases
LCMV	Lymphocytic choriomeningitis virus
LCR	Liquide céphalo-rachidien
ml	millilitre
mM	millimolaire
µg	microgramme
µl	microlitre
ng	nanogramme
nm	nanomètre
ORF	Open reading frame
ORF1	Open reading frame 1
ORF2	Open reading frame 2
ORF3	Open reading frame 3
NS	protéine non structurale
pb	paire de bases
PCR	Polymerase chain reaction
RACE	Rapid amplification of cDNA ends
RdRP	RNA dependant RNA polymerase
RT-PCR	Reverse transcriptase polymerase chain reaction
RT-PCR	Reverse transcriptase polymerase chain reaction quantitative
SRAScoV	Coronavirus du Syndrome respiratoire aigu sévère
T	Thymine
U	Uracile
USA	United States of America

UV	Ultraviolet
VEEV	Virus de l'encéphalite équine vénézuelienne
VHA	Virus de l'hépatite A
VHC	Virus de l'hépatite C
VHE	Virus de l'hépatite E
VIH	Virus de l'immunodéficience humaine
WNV	West Nile virus
WEEV	Virus de l'encéphalite équine de l'Ouest

INTRODUCTION

I – Généralités sur le Virus de l'hépatite E

I.1 – Historique

Les épidémies d'hépatites virales entéro-transmissibles ont été pendant longtemps attribuées à un seul agent étiologique, le *Virus de l'hépatite A* (VHA). Ce n'est qu'en 1980 que l'existence d'un nouveau virus responsable d'hépatite à transmission entérique a été postulée suite à une épidémie s'étant déroulé au Cachemire en Inde, en 1978. L'étude des cas montra l'absence des marqueurs sérologiques de l'hépatite A et B (Khuroo, 1980). Rétrospectivement, la première épidémie d'hépatites non-A non-B identifiée causa 29300 cas à Delhi, en Inde en 1955-56 (Viswanathan, 1957).

Interpellé par la ressemblance d'une épidémie d'hépatites en Afghanistan avec celle du Cachemire, Balayan et al. (1983) transmirent avec succès cette hépatite non-A non-B à un volontaire à partir des selles de patients infectés et identifièrent pour la première fois les particules virales par microscopie électronique (Balayan et al., 1983).

En l'absence d'échantillons concentrés, il fallut attendre près de 10 ans pour obtenir la première séquence de ce virus responsable d'épidémies d'hépatites non-A non-B à partir de biles de macaques infectés expérimentalement par un isolat birman. Le virus fut nommé *Virus de l'hépatite E* (VHE) (Reyes et al., 1990). Par la suite, le génome complet fut séquencé (Tam, 1991) et un test de détection des anticorps anti-VHE fut développé (Yarbough et al., 1991). Le VHE représente un fardeau dans les pays à faible niveau d'hygiène où le nombre de cas symptomatiques annuel est estimé à plus de 3 millions et le nombre de décès à 70000 par an (Rein et al., 2011). Jusqu'à 1997, il semblait que le VHE était endémique seulement dans les pays à faible niveau d'hygiène.

Or la présence de fortes séroprévalence dans les pays industrialisés et la découverte de cas d'hépatite E sporadiques non liés à des séjours en régions tropicales et subtropicales, a mené à réviser cette distribution. Mais alors que l'origine hydrique des contaminations dans les pays à faible niveau d'hygiène semble bien établie, les origines et modes de transmission des cas sporadiques dans les pays industrialisé sont toujours sujet à questionnement.

I.2 – Structure et fonction du génome du virus de l'hépatite E

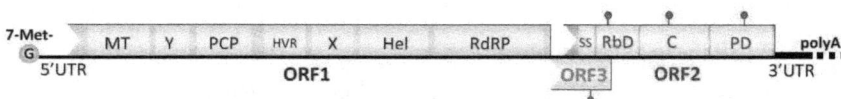

Figure 1 - Représentation schématique du génome du virus de l'hépatite E

I.2.1 – Génome

Le génome du virus de l'hépatite E est un ARN simple brin positif d'environ 7.2 kb. Il est coiffé en 5' par une 7-méthyl-guanine et polyadénylé en 3'. Il comporte de courtes régions non codantes en 5' et en 3' (ou UTR, pour UnTranslated Region) et 3 cadres de lecture (ou ORF, pour Open Reading Frame) partiellement chevauchants, appelés ORF1, ORF2 et ORF3 (Figure 1). Des ARN subgénomiques de 3.7 kb et 2.2 kb ont été détectés dans les tissus hépatiques de macaques infectés expérimentalement (Tam et al., 1991), mais seul l'ARN subgénomique de 2.2 kb couvrant l'ORF2 et l'ORF3 a été retrouvé *in vitro* (Graff et al., 2006; Ichiyama et al., 2009).

I.2.2 – Les protéines non structurales

2

L'ORF1 code pour une polyprotéine non-structurale d'environ 1700 acides aminés (Figure 1). Cette taille dépend notamment de la taille de la région hypervariable (HVR) située au milieu de l'ORF1. Cette région hypervariable, riche en proline, varie en séquence et en taille parmi les différents isolats VHE et serait un site de liaison protéine-protéine (Purdy, Lara, et al., 2012). Six domaines conservés ont été identifiés, incluant une Méthyl-Transférase (MT), une papaïne-like cystéine protéase (PCP), une ARN Hélicase (Hel), une ARN polymérase ARN dépendante (RdRP), ainsi que 2 domaines de fonctions non caractérisés (X et Y) retrouvés également chez le virus de la rubéole et le virus de la rhizomanie (Koonin et al., 1992). La méthyl-transférase catalyse le coiffage en 5' du génome et des ARN subgénomiques (Magden et al., 2001), coiffe nécessaire à l'infectiosité *in vivo* (Emerson et al., 2001). La protéase devrait permettre le clivage de la polyprotéine virale, mais son activité n'a pas été démontrée à ce jour. L'hélicase du VHE est codée par une séquence contenant les 7 motifs spécifiques de la super-famille SF-1 des hélicases (Koonin et al., 1992). Ses activités NTPase et ARN déroulante 5'→3' ont été démontrées (Karpe and Lole, 2010). L'ARN polymérase ARN dépendante (RdRP) est codée par une séquence comprenant 8 motifs conservés décrits pour les protéines RdRP des virus à ARN positifs (Koonin et al., 1992). Son activité de synthèse du brin complémentaire a été montrée et sa capacité d'attachement à la partie 3'du génome VHE semble liée à la présence de 2 tiges-boucles et de la queue polyadénylée (Agrawal et al., 2001). Alors qu'aucune fonction n'a été encore trouvé pour le domaine Y, le macro-domaine (ou X) de l'ORF1 code pour une protéine s'attachant aux poly(ADP-ribose) (Egloff et al., 2006). Son rôle dans la réplication et/ou transcription virale a été suggérée.

I.2.3 – Les protéines structurales

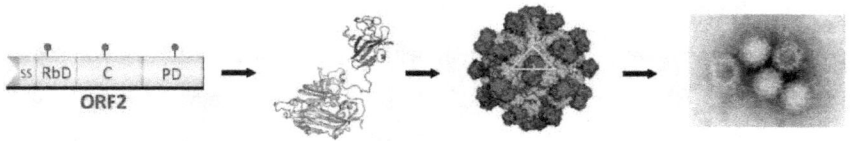

Figure 2 - Représentation de la protéine de capside du virus de l'hépatite E

Le virus de l'hépatite E est un virus nu. L'ORF2 code pour la protéine de capside de 660 acides aminés (Figure 2) (Jameel et al., 1996). Celle-ci comporte une séquence signal (SS), servant à la translocation de la protéine dans le réticulum endoplasmique, et de 3 domaines formant la protéine de capside : le domaine d'attachement à l'ARN (RNA-binding Domain, RbD), le cœur de la capside (Core, C) et la partie saillante (Protruding Domain, PD). La protéine possède 3 sites putatifs de glycosylation. La capside est composée de 30 unités morphologiques, elles-mêmes composée de 60 monomères de la protéine de capside qui s'auto-assemblent lorsqu'elles sont exprimées dans un sytème de baculovirus recombinant (Xing et al., 2011). Les épitopes neutralisant se retrouvent dans le domaine PD en C-terminale de cette protéine. En comparaison à d'autres virus à ARN comme le *Virus de l'hépatite C* (McLauchlan, 2000), des fonctions accessoires à l'encapsidation du génome viral sont prêtées à l'ORF2 du VHE, telles que : entrée, trafic, signal et sortie du virus de la cellule hôte.

I.2.4 – ORF3

L'ORF3 code pour une petite phosphoprotéine de 113 à 123 acides aminés (Figure 1) sans domaine homologue avec aucune autre protéine connue, mais est nécessaire à l'infectiosité *in vivo* (Graff et al., 2005; Huang et al., 2007). Plusieurs propriétés sont prêtées à l'ORF3. La surexpression de l'ORF3 activerait la voie des MAPK (Mitogen-Activated Phosphate Kinases) menant l'atténuation du signal mitochondrial de mort cellulaire (Moin et al., 2007). Sa

4

localisation dans les endosomes mènerait à un retard dans le trafic du récepteur EGFR (Epidermal Growth Factor Receptor) vers les lysosomes favorisant la survie cellulaire et diminuant la translocation de STAT3 (Signal Tranducer and Activator of Transcription 3) ce qui résulterait en une atténuation de la réponse immunitaire (Chandra et al., 2008). Enfin, la délétion de l'ORF3 d'un génome VHE cloné empêcherait le relargage de virions dans le milieu extracellulaire, démontrant son rôle dans la sortie des particules virales de la cellule hôte (Yamada, Takahashi, Hoshino, Takahashi, Ichiyama, Nagashima, et al., 2009).

I.3 – Cyle réplicatif

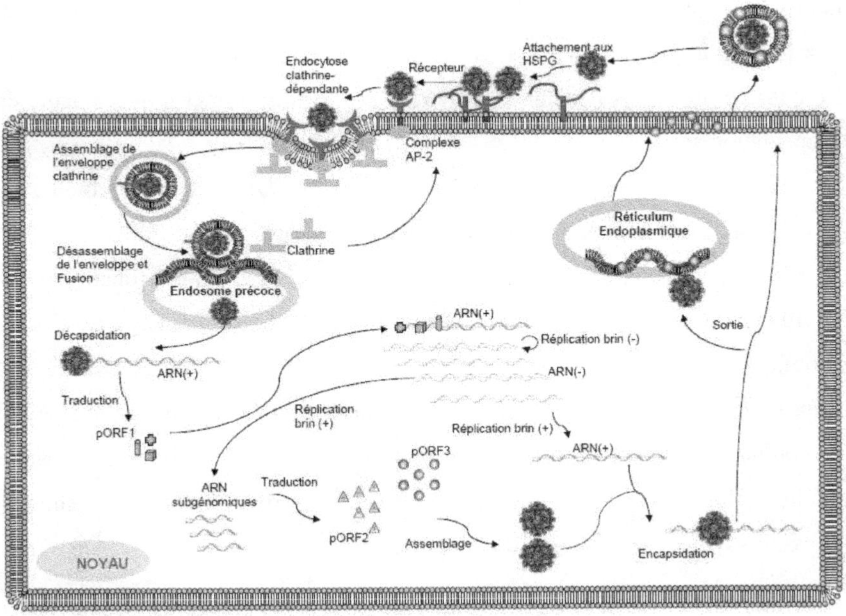

Figure 3 - Cycle de réplication putatif du virus de l'hépatite E

Le cycle de réplication du VHE est peu connu, en grande partie du fait du manque de systèmes de culture *in vitro* efficaces ou de modèles *in vivo* sur petits animaux. Le cycle réplicatif proposé se base largement sur l'analyse du génome du VHE et son analogie avec d'autre virus à ARN positif, bien que quelques nouveaux éléments commencent à émerger (Figure 3).

Plusieurs lignées cellulaires semblent permissive à la réplication du VHE, telles que les lignées hépatocytaires humaines comme Huh7, PLC/PRF/5 ou HepG2, la lignée de carcinome pulmonaire A549 ou encore la lignée de carcinome du colon Caco-2 (Huang et al., 1995; Huang, Haqshenas, et al., 2005; Panda et al., 2000; Tanaka et al., 2007; Emerson et al., 2010). Aucun récepteur n'a été encore identifié, mais il semble que les héparane-sulfate protéoglycanes (HSPG) soient nécessaires à l'attachement du virus (Kalia et al., 2009) et que le virus entre dans la cellule par endocytose médiée par un récepteur associé aux clathrines (Kapur et al., 2012). Le trafic cellulaire suivant l'entrée est peu connu, mais il semble que la HSP90 (Heat-Shock Protein 90) et la tubuline jouent un rôle dans ce processus (Zheng et al., 2010). La localisation et le mécanisme de décapsidation sont aussi inconnus.

Lorsque le génome viral est libéré dans le cytosol, la polyprotéine de l'ORF1 doit être traduite. Suivant les modèles d'expression de l'ORF1, il n'est pas clair si celle-ci est découpée pour former des unités fonctionnelles individuelles ou non (Ansari et al., 2000; Ropp et al., 2000). Ensuite, l'ARN génomique est tout d'abord copié en intermédiaire de réplication de sens négatif (Meng, Halbur, Haynes, et al., 1998), permettant la synthèse des ARN génomiques et subgénomiques de sens positifs. L'ORF2 et l'ORF3 sont ensuite traduites afin d'obtenir les protéines structurales et d'encapsider les génomes viraux néo-synthétisés et permettre la sortie du virion de la cellule infecté (Graff et al., 2006; Yamada, Takahashi, Hoshino, Takahashi, Ichiyama, Nagashima, et al., 2009). Les particules virales seraient relarguées dans le sang ou en culture *in vitro* à travers un mécanisme non-lytique les associant aux lipides (Okamoto, 2011). Les lésions du foie observées serait du à la réponse immunitaire de l'hôte, plutôt qu'à un effet cytopathique du virus (Krawczynski et al., 2011).

Le foie semble être le site primaire de réplication du VHE, mais de l'ARN viral de polarité négative, intermédiaire de réplication, a été aussi retrouvé dans l'intestin, le colon et les ganglions lymphatiques (Williams et al., 2001). Enfin de l'ARN viral a été aussi retrouvé dans l'estomac, la rate, le pancréas, les reins, les muscles, le cœur et le liquide céphalo-rachidien (Williams et al., 2001; Kamar, Izopet, et al., 2010).

I.4 – Diversité Génétique du VHE

I.4.1 – Taxonomie

L'organisation du génome du VHE ressemblant à celle des *Caliciviridae*, il fut tout d'abord considéré comme un membre de cette famille (Tam et al., 1991). Pourtant le VHE partage de plus grande homologies de séquences avec le *Virus de la rougeole* et un *Furovirus* (Koonin et al., 1992). Mais leur distances génétiques a conduit l'ICTV (International Committee on Taxonomy of Viruses) à créer la nouvelle famille des *Hepeviridae* et le nouveau genre *Hepevirus*, dont le VHE est le seul membre (Meng et al., 2011).

I.4.2 – Génotypes Majeurs

Les alignements de séquence des premières souches isolées en Asie montraient une forte proximité génétique. Une nouvelle souche fut isolée au Mexique qui n'avait que 77% d'identités avec les précédentes, ce qui amena à séparer le VHE en génotype 1 et génotype 2 (Huang et al., 1992). Les 2 génotypes sont responsables d'épidémies chez l'homme et sont aussi capables d'infecter des primates non humains. Plus tard, le VHE fut isolé de porcs domestiques et de 2 patients aux Etats-Unis (Meng et al., 1997; Schlauder et al., 1998). Ces séquences présentant 20% de divergence avec les génotypes 1 et 2 et

7

furent désigné génotype 3. Enfin, un génotype additionnel fut découvert dans le sérum d'un patient chinois, désigné génotype 4 (Wang et al., 1999). Les génotypes 3 et 4 ont été montrés depuis comme responsables de cas sporadiques d'hépatite E chez l'homme dans de nombreux pays et sont aussi capables d'infecter le porc, le sanglier, le cerf, la mangouste et le lapin. Quatre génotypes majeurs du VHE présentant le même sérotype sont ainsi reconnus par l'ICTV chez les mammifères (Meng et al., 2011). Mais des études récentes ont montré la présence de nouveaux lignages du VHE chez le lapin et le sanglier, ainsi que des séquences VHE-like chez les aviaires, le rat et la chauve-souris et la truite (Figure 4).

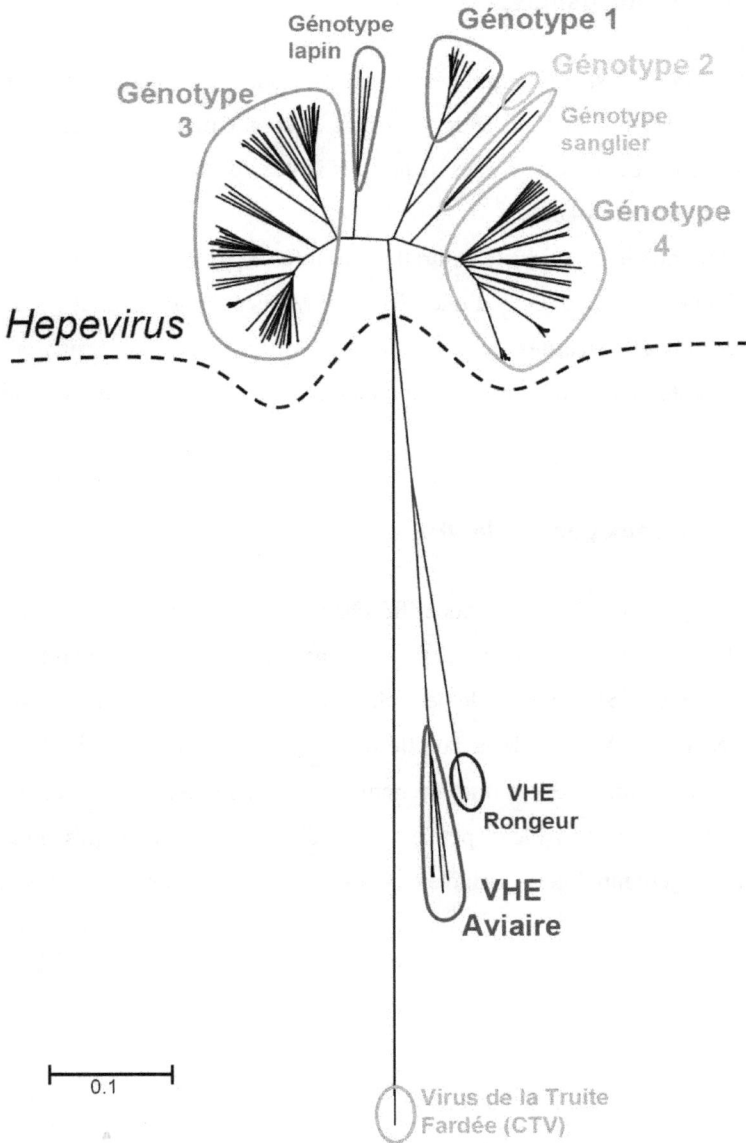

Figure 4 - Arbre Phylogénétique de la famille des Hepeviridae et espèces apparentées.
Cet arbre a été établi à partir de 164 génomes complets (à l'exception du génome VHE chauve-souris dont la séquence n'était pas publiquement disponible lors de l'écriture du manuscrit)

I.4.3 – Nouveaux génotypes de VHE

Le lapin n'est pas naturellement infecté par des souches de VHE qui divergent d'environ 18% avec le génotype 3 et qui pourraient constituer un nouveau génotype. Ces nouvelles séquences isolées du lapin ont été retrouvées en Chine et aux Etats-Unis.

Alors que le sanglier est naturellement infecté par le VHE de génotypes 3 et 4, l'isolement, au Japon, d'une séquence VHE chez le sanglier présentant seulement 80% d'identités avec les génotypes 1 à 4 a mené à penser qu'il pourrait exister aussi un nouveau génotype circulant chez le sanglier (Takahashi et al., 2011).

I.4.4 – Nouveaux genres de VHE

En 2001, un virus a été identifié chez le poulet comme responsable du syndrome d'hépato-splénomégalie. Ce virus présente la même organisation que le VHE (Figure 5), mais seulement 50% d'identités nucléotidique avec les génotypes 1 à 4. Au sein de la famille des *Hepeviridae*, l'espèce VHE aviaire représente ainsi un genre distinct du genre *Hepevirus* (Meng et al., 2011). Les différentes séquences isolées peuvent être divisé en 3 génotypes avec des répartitions géographiques distinctes : USA, Europe et Australie (Marek et al., 2010).

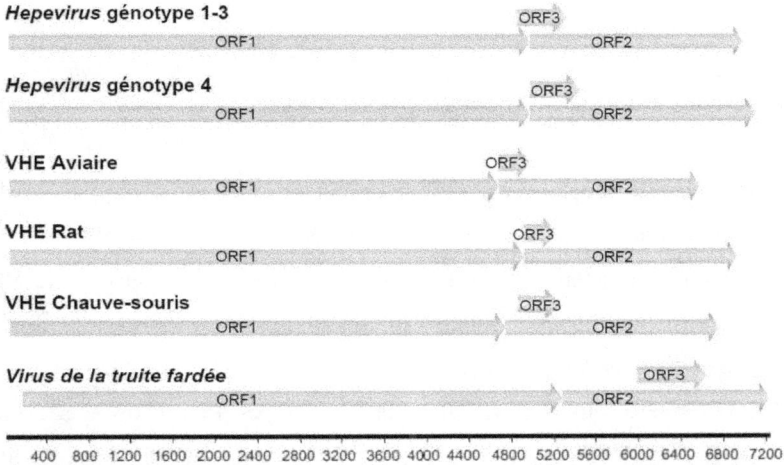

Figure 5 - Représentation schématique des génomes des Hepeviridae ou espèce apparenté
(adapté de Batts et al., 2011)

Alors que la présence de VHE chez le rat était soupçonnée du fait de la détection d'antigène VHE dans le sérum de rongeurs (Karetnyï et al., 1993), des séquences présentant une identité de seulement 55% et 50% avec les génotypes 1 à 4 et le VHE aviaire ont été trouvé chez le rat en Allemagne et aux Etats-Unis (Johne et al., 2010; Purcell et al., 2011). Cette nouvelle espèce de VHE rongeur pourrait représenter un nouveau genre dans la famille des *Hepeviridae*.

Récemment, des séquences VHE-like ont été détectées chez des chauves-souris en Afrique, en Amérique Centrale et en Europe. Ces séquences possèdent entre 54,6 et 64.4% d'identités avec les génotypes 1 à 4 et le VHE aviaire, suggérant un nouveau genre au sein de la famille des *Hepeviridae* (Drexler et al., 2012).

Enfin, le séquençage du *Virus de la truite fardée* (CTV, cutthroat virus) a révélé une taille et une organisation du génome similaire à celle des *Hepeviridae* avec lequel il partage la plus forte parenté, identique à plus de 40% au niveau

11

nucléotidique. Cette souche pourrait aussi former un nouveau genre au sein des *Hepeviridae*.

I.4.5 – Classification du VHE en sous-types

La diversité génétique du VHE a amené à diviser les génotypes 1 à 4 du genre *Hepeviridae* en sous-types. Contrairement au virus Influenza dont les sous-types correspondent à leurs types de glycoprotéines de surface, le VHE, comme le virus de l'hépatite A ou C, est sous-divisé en fonction de la distance génétique des isolats dans un même génotype.

La première sous-classification des 4 génotypes à partir de 23 séquences de 98 nt dans l'ORF2 et 24 séquences de 242 nt dans l'ORF1 comprenait 10 sous-types, dont 5 pour le génotype 1 (Wang et al., 1999). Celle-ci fut rapidement revue après étude de 55 séquences de 92 nt à 371 nt dans l'ORF1 et 2. Cette dernière faisait état d'au moins 9 groupes. Alors que les génotypes 1 et 2 correspondaient chacun à un seul groupe génétique du fait de leur conservation relative, le génotype 3 put être divisé en 5 groupes génétiques et le génotype 4 en 2 groupes, l'apparente diversité de ces 2 derniers génotypes semblant liée à leur spectre d'hôte non limité à l'homme (Figure 6) (Schlauder and Mushahwar, 2001).

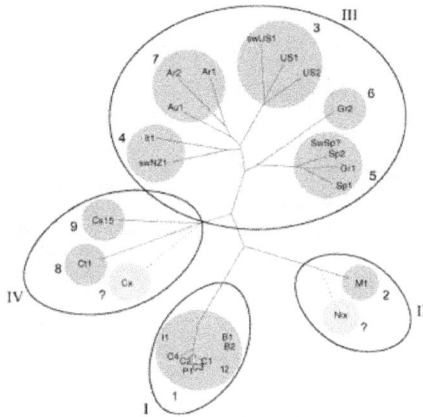

Figure 6 - Arbre phylogénétique représentant les 9 sous-types établis par Shchlauder et Mushahwar
en 2001 à partir de 24 séquences de 287 nt de la partie 5' de l'ORF1 (Schlauder & Mushahwar, 2001)

L'expansion du nombre de séquences de VHE isolées à travers le monde permit en 2005 de conforter certaines des premières observations, mais aussi d'élargir la nouvelle classification grâce à 421 séquences disponibles, dont 49 génomes complets. La classification de Lu et al. comprend 24 sous-types, à savoir 5 sous-types pour le génotype 1 (1a–1e), 2 sous-types pour le génotype 2 (2a et 2b), 10 sous-types pour le génotype 3 (3a–3j) et 7 sous-types pour le génotype 4 (4a–4g). La plus grande diversité génétique des génotypes 3 et 4 correspondrait à leur isolement à partir d'une grande variété d'animaux à travers le monde (Figure 7) (Lu et al., 2006).

Cette classification détaillée est largement utilisée, mais peut être critiquée par l'utilisation massive de séquences partielles. Au vu des 5009 séquences et 189 génomes complets désormais disponibles (http://www.viprbrc.org/brc/dataSummary.do?decorator=hepe, accédé le 09/05/2012), certains sous-types ne sont plus clairement distincts les uns des autres et cette classification demanderait à être revue.

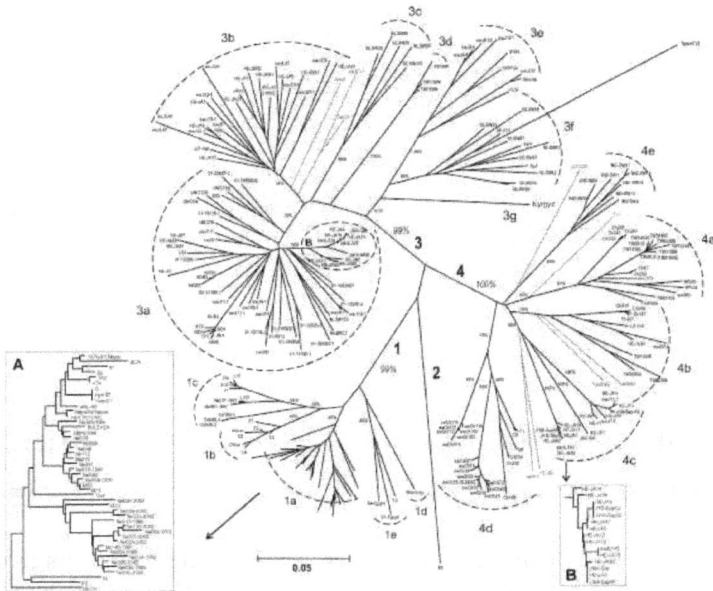

Figure 7 - Arbre phylogénétique représentant les 24 sous-types établis par Lu et al.
en 2006 à partir de 275 séquences de 301nt de la partie 55' de l'ORF2 (Lu et al., 2006)

I.4.6 – Quasiespèces

A l'image d'autres virus à ARN dont l'ARN polymérase entraine un fort taux de mutations, une forte diversité génétique est observée pour le VHE. Les virus à ARN se présentent sous la forme de quasiespèce, c'est-à-dire qu'au lieu d'une réplication purement clonale, leur ARN polymérase entraine à chaque cycle de réplication un certain nombre de mutations le long du génome. A partir d'une séquence donnée, on obtient donc un nuage de séquences arborant différentes mutations. Une première étude s'est attachée à démontrer la nature de la quasiespèce du VHE par l'étude de plusieurs isolats inter- et intra-patients lors d'une épidémie de génotype 1 en Algérie. Cette étude montra, par analyse des fragments de digestion enzymatique (ou RFLP, restriction enzyme fragment polymorphism) de 100 séquences clonées de 448 nt, qu'il existait un profil de restriction majoritaire à plus de 95% et jusqu'à 5 profils divergents chez un même patient. En comparant les séquences provenant de 11 profils de restriction différents observés entre les différents patients, des distances de 0.08 à 3.4% furent observées (Grandadam et al., 2004).

La quasiespèce du VHE a été aussi décrite récemment à travers le cas d'un patient souffrant d'hépatite E chronique, ayant développé des symptômes neurologiques 33 mois après l'infection. L'étude de 58 séquences clonées de 1049 nt retrouvées dans le sérum à 12 et 33 mois post-infection et dans le liquide céphalo-rachidien à 33 mois post-infection a révélé une diversification du VHE, suggérant une compartimentalisation neurotropique (Kamar, Izopet, et al., 2010).

La quasiespèce du VHE jouerait donc un rôle dans la pathogénèse du virus et pourrait être également un facteur d'adaptation à de nouvelles espèces hôtes.

I.5 – Clinique de l'hépatite virale E

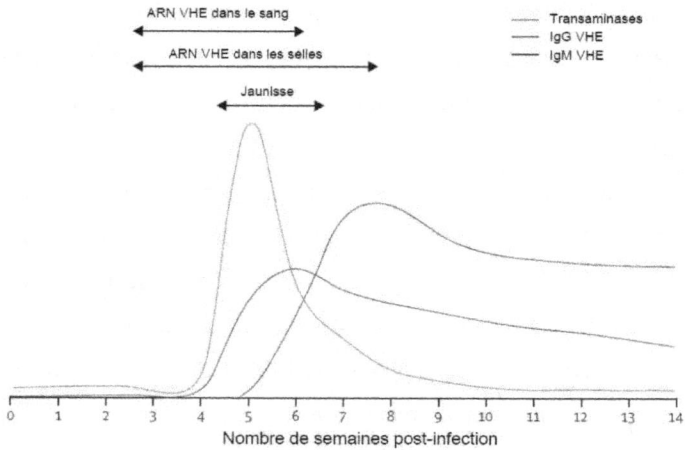

Figure 8 - Marqueurs biologiques d'une hépatite E aigüe résolutive
(adapté de Dalton et al., 2008)

En dehors des cas non symptomatiques qui semblent majoritaires, le VHE entraine typiquement une hépatite aigüe résolutive. Les symptômes ictériques peuvent s'accompagner entre autres d'anorexie, de léthargie, de nausées, de douleurs abdominales, de vomissements, de prurit ou de maux de tête (Dalton, Stableforth, et al., 2008). La période d'incubation varie de 2 à 9 semaines. Le pic de virémie a lieu au moment de l'apparition des symptômes cliniques. L'augmentation de la concentration sanguine en transaminases et bilirubine sont concomitantes à l'apparition d'IgM anti-HEV vers 4 semaines post-infection, suivi de l'appartition d'IgG peu de temps après. Alors que le virus n'est plus détecté dans le sérum vers 6 semaines post-infection, il est excrété dans les fèces pendant encore 2 semaines. Les concentrations sanguines en transaminases retournent à la normale vers 10 semaines post-infection (Figure 8) (Dalton, Bendall, et al., 2008).

Dans certains cas, des complications liées à l'infection au VHE peuvent entrainer rapidement une défaillance hépatique souvent fatale, appelée hépatite fulminante. Bien qu'il semble que ces hépatites E fulminantes soit souvent associées à des pathologies hépatiques préexistantes chez le patient, l'implication de facteurs viraux entrainant une virulence accrue n'est pas exclue (Inoue et al., 2009). Il est estimé que le taux de mortalité associé à l'hépatite E varie entre 1 à 4% dans la population générale (Khuroo, 1980; Mast and Krawczynski, 1996) et jusqu'à 20% chez les femmes enceintes (Khuroo, 1980), même si ce chiffre est discuté (Renou, Pariente, et al., 2008). En effet, les forts taux de mortalités associés à une grossesse ont été rapportés en Inde où le génotype 1 est prédominant. En Egypte aucun cas clinique d'hépatite E n'a été rapporté durant le suivi d'une cohorte de 2428 femmes enceintes (Stoszek et al., 2006). La rareté des épisodes de jaunisse rapportée dans ce pays pourrait être expliquée par une exposition précoce et répétée et une immunité forte en résultant, voir à des sous-types moins virulents dans cette région. Un seul cas d'hépatite aigüe a été rapporté pour une infection au VHE de génotype 3 (Anty et al., 2012). Il est probable que les différences de mortalité observées chez les femmes enceintes dans différents pays soient liées au génotype ou aux sous-types du virus rencontrés dans ces pays.

Depuis 2006, des cas d'hépatites E chroniques, définis par la persistance d'une virémie pendant plus de 6 mois, ont été rapportés. Ces hépatites E chroniques ont été observées chez des patients immunodéprimés, du fait de transplantation rénale ou hépatique, de maladies hématologiques ou encore de co-infection par le virus de l'immunodéficience humaine (VIH) (Péron et al., 2006; Kamar et al., 2008; Dalton et al., 2009).

Enfin, le virus de l'hépatite E n'est pas seulement responsable d'hépatite, mais pourrait être la cause de troubles neurologiques associés (Kamar et al., 2011).

L'infection par le virus de l'hépatite E est d'autant plus grave qu'il n'existe pas à ce jour de traitement antiviral spécifique. La ribavirine, un mutagène à large spectre antiviral, ou l'interféron pégylé, inducteur de la réponse immunitaire antivirale, semblent être pour le moment les meilleures formes de traitement, en particulier chez les patients immunodéprimés souffrant de formes chroniques (Kamar, Rostaing, Abravanel, Garrouste, Esposito, et al., 2010; Kamar, Rostaing, Abravanel, Garrouste, Lhomme, et al., 2010).

I.6 – Distribution du VHE : une endémie mondiale

I.6.1 – Distribution du VHE chez l'Homme

I.6.1.1 – Les 2 visages du VHE

Le virus de l'hépatite E fut d'abord isolé lors d'épidémies et de cas sporadiques dans des pays à faible niveau d'hygiène tel que l'Inde, le Myanmar, le Pakistan ou la Chine et plus généralement dans des pays tropicaux et subtropicaux. Ces régions ont été décrites alors comme endémique pour l'hépatite E en comparaison aux pays industrialisés. Mais la découverte de cas autochtones d'hépatites E aux Etats-Unis, en Europe et au Japon, c'est à dire des cas d'infections non liés à des voyages en régions tropicales et subtropicales a amené à revoir la notion d'endémicité du VHE. En effet, le VHE semble désormais présent sur la quasi-totalité du globe (Figure 9), mais avec deux profils épidémiologiques différents selon les génotypes autochtones au pays. D'une part, les régions de l'hépatite E épidémique où le VHE est responsable d'épidémies et de cas sporadiques se transmettant par voie fécale-orale à travers l'eau contaminée ou les aliments souillés par du VHE de génotype 1 ou 2. D'autre part, les régions de l'hépatite E sporadique où les infections par des génotypes 3 ou 4 sont uniquement responsables de cas sporadiques et semble d'origine zoonotique (Figure 9).

L'âge d'infection est aussi une différence observée entre les régions d'épidémies et celles des cas sporadiques. Alors qu'en région d'épidémies, le taux d'attaque du VHE est supérieur chez les 15-30 ans, en régions de cas sporadique, le nombre de cas culmine chez les personnes d'environ 50 ans (Purcell and Emerson, 2008). Ces différences pourraient être directement liées à l'âge d'exposition, au mode de transmission ou encore à des différences de virulence des souches présentes dans ces 2 régions.

I.6.1.2 – Séroprévalences

Dans les régions d'épidémies de génotypes 1 et 2, les séroprévalences sont en général élevées et varient entre 23.3% en Thaïlande (Pourpongporn et al., 2009) et 80% en Egypte (Abe et al., 2006) et dans les régions de cas sporadiques de génotypes 3 et 4, entre 0,23% en Grèce (Dalekos et al., 1998) et jusqu'à 52,2% en France (Mansuy et al., 2011). Il semble d'ailleurs que la séroprévalence dépende du test sérologique utilisé. En effet, alors qu'en 2008, la séroprévalence VHE chez les donneurs de sang dans la région de Toulouse était rapportée comme étant égale à 16,6% (Mansuy et al., 2008), un nouveau test sérologique effectué sur ces mêmes échantillons donne désormais une séroprévalence 3,1 fois supérieure.

Bien qu'hommes et femmes soient *a priori* autant exposés au VHE et qu'ils aient la même séroprévalence, les hommes sont plus fréquemment sujets aux hépatites aigües dans les régions de cas sporadiques d'hépatite E. Il a été suggéré que l'ingestion d'une plus grande quantité d'alcool pendant de nombreuses années pourrait être la cause d'une faiblesse hépatique entrainant une plus grande sensibilité aux infections par le VHE chez l'homme que chez la femme (Dalton et al., 2011).

I.6.1.3 – Distribution des génotypes du VHE

19

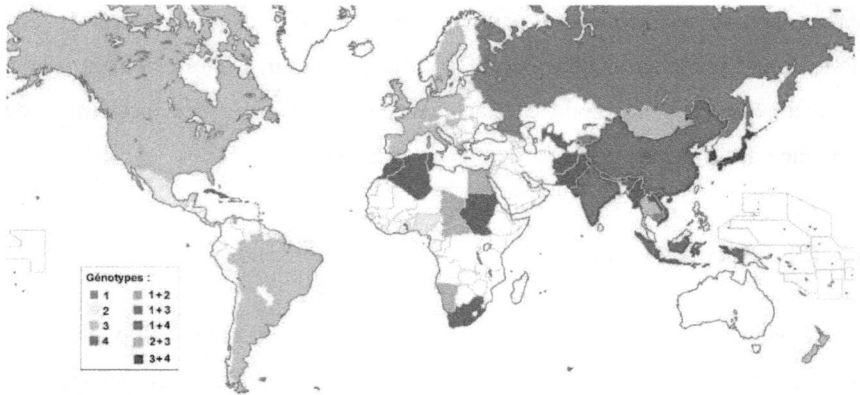

Figure 9 - Distribution du VHE de génotype 1 à 4 chez l'homme
(adapté de Pavio et al., 2010 ; Wedemeyer et al., 2012 ; Kamar et al., 2012)

Les génotypes 1 et 2 sont retrouvés dans des pays tropicaux et subtropicaux à faible niveau d'hygiène : le génotype 1 est retrouvé en Asie et en Afrique et le génotype 2 au Mexique et en Afrique (Figure 9). Des cas de génotypes 1 et 2 sont reportés dans les pays du Nord mais correspondent en réalité des cas importés. Le génotype 3 est majoritairement retrouvé en Amérique du Nord et du Sud, en Europe et au Japon. Le génotype 4 a une distribution uniquement en Asie (Japon, Chine, Inde, Indonésie...), bien qu'il ait été trouvé récemment un cas autochtone de génotype 4 en France qui pourrait amener à revoir cette distribution (Tessé et al., 2012).

I.6.2 – Distribution du VHE chez l'animal

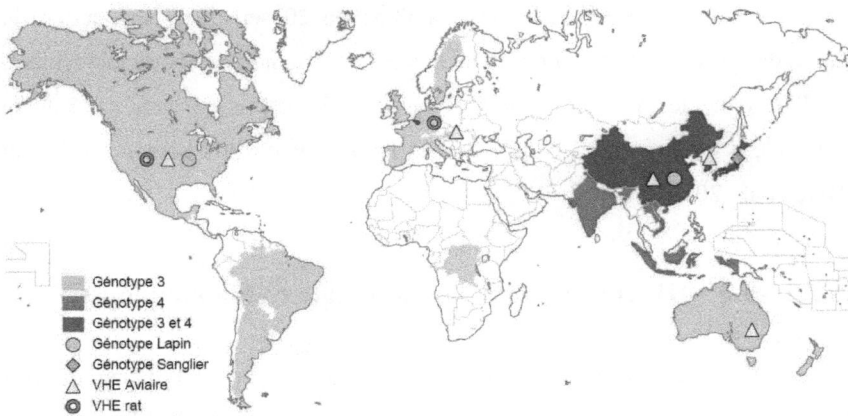

Figure 10 - Distribution du VHE chez l'animal
(adapté de Pavio et al., 2010)

I.6.2.1 – Le VHE chez le porc

L'origine zoonotique des cas sporadiques d'hépatites E a commencé à être soupçonnée avec la découverte de séquences de VHE de génotype 3 et 4 chez le porc (Meng et al., 1997; Wu et al., 2002). Le VHE porcin de génotype 3 a une distribution très large et est retrouvé en Amérique du Nord et du Sud, en Europe et en Asie (Figure 10). Le VHE porcin de génotype 4 est retrouvé uniquement en Asie, bien qu'une ferme ait été récemment trouvé positive pour le génotype 4 en Belgique (Hakze-van der Honing et al., 2011).

Des études de séroprévalence du VHE chez le porc dans plusieurs pays ont montré une distribution étendue aux 5 continents, avec entre 50 et 100% des élevages infectés (Pavio et al., 2010). Au sein des élevages, la séroprévalence dépend de l'âge de l'animal, celle-ci étant plus importante chez les porcs de plus de 4 mois (Takahashi et al., 2005). En effet, 60% des porcs sont naturellement infectés entre 8 et 10 semaines lorsque les anticorps maternels diminuent après sevrage. Cette infection féco-orale se produit par contact étroit entre animaux et une tendance coprophage du porc. L'excrétion virale dure comme chez l'homme de 3 à 4 semaines. L'infection par le VHE chez le porc semble asymptomatique.

Les porcs sont généralement abattus à l'âge de 20 semaines, âge auquel la plupart des porcs devrait avoir éliminé le virus. Pourtant la détection moléculaire du VHE dans les foies de porcs collectés à l'abattoir ou vendus dans le commerce a montré que 2 à 11% de ces foies sont positifs pour l'ARN viral (Pavio et al., 2010).

I.6.2.2 – Le VHE chez les cervidés, le sanglier et la mangouste

La faune sauvage constitue aussi un réservoir pour le VHE de génotypes 3 et 4. Quelques études ont été menées sur la présence du VHE chez le sanglier et le cerf au Japon et en Europe. Les taux de séroprévalence observés varient de 3 à 71% chez le sanglier et de 2 à 34% chez le cerf. La prévalence en ARN VHE varie entre 3 et 34% chez le sanglier (Pavio et al., 2010). Le sanglier semble infecté uniquement par du génotype 3 en Europe (Pavio et al., 2010). Au Japon les génotypes 3, 4 et un nouveau génotype divergent ont été retrouvés chez le sanglier (Figure 10) (Sato et al., 2011). De l'ARN viral de génotype 3 a été détecté chez le cerf en Espagne, au Pays-Bas, en Hongrie et au Japon (Tei et al., 2003; Reuter et al., 2009; Boadella et al., 2010; Rutjes et al., 2010). La présence de VHE de génotype 3 a été rapportée au Japon chez la mangouste (Nakamura et al., 2006).

I.6.2.3 – Autres réservoirs animaux potentiels

Des sérologies positives chez de nombreuses espèces animales comme le chat, le chien, la vache, le mouton, la chèvre ou le cheval, laissaient présager une distribution du virus non limitée aux cochons, aux cerfs et aux sangliers (Pavio et al., 2010). Pourtant de l'ARN VHE a été amplifié à partir de peu de ces espèces séropositives. Ces espèces animales seraient donc des hôtes occasionnels ou bien la distance phylogénétique des souches les infectant par rapport aux génotypes 1 à 4 représenterait un obstacle à l'amplification des ARN viraux.   Le nouveau génotype isolé du lapin est proche du génotype 3 et a été mis en évidence tout d'abord en Chine, puis aux Etats-Unis (Figure 10) (Zhao et al., 2009; Cossaboom et al., 2011). Les virus les plus éloignés du genre *Hepevirus*, sont le VHE aviaire et le VHE rat. Contrairement à l'infection chez le porc, principalement asymptomatique, le VHE aviaire est responsable d'un syndrome d'hépatosplénomégalie.

Le VHE aviaire a été retrouvé aux Etats-Unis, en Hongrie, en Chine, en Corée et en Australie (Figure 10) (Haqshenas et al., 2001; Marek et al., 2010; Zhao et al., 2010; Kwon et al., 2012).

Le VHE du rat a été identifié en Allemagne, au Vietnam et aux Etats-Unis (Figure 10) et sa séroprévalence varie de 20 à 80% chez les rats adultes (Johne et al., 2010; Li et al., 2011; Purcell et al., 2011).

I.7 – Sources et modes de transmission du VHE

I.7.1 – Anthroponotique : VHE génotypes 1 à 4

I.7.1.1 – Transmission du VHE par consommation d'eau et d'aliments souillés

Fig. 3. Epidemic region, Kashmir, 1978. Drinking water is collected from a canal in which public latrine sewage flows, garbage of whole locality is dumped, utensils and linen is washed, children swim and locals buy fish (boat in background).

Figure 11 - Photo d'une source d'eau polluée
Conditions d'hygiène pauvres autour d'une source d'eau lors d'une épidémie d'hépatites virales E en Inde, 1978 (tiré de Khuroo, 2011)

Le VHE a un mode de transmission féco-oral. Les épidémies de VHE de génotypes 1 et 2 sont dues a la contamination fécale des sources d'eau potable dû à de fortes pluies, des inondations, des conduites d'eau fendues passant à travers des égouts ou bien des égouts non traités se déversant dans l'eau potable, touchant en particulier des endroits surpeuplés tels que des camps de réfugiés et les bidonvilles. Cette eau contaminée peut être bue ou bien contaminer la nourriture en servant à laver les aliments ou à l'irrigation des champs, tout particulièrement en régions de VHE endémiques (Khuroo, 2011).

Les génotypes 3 et 4 se retrouvent en revanche dans des régions possédant de meilleures conditions d'hygiènes, avec des accès à des sources d'eau potable propre et un traitement des eaux usées. Pourtant du VHE de génotypes 3 peut être retrouvé dans des eaux de surface ou dans les champs (Rutjes et al., 2009; Brassard et al., 2012). Dans ces cas, l'origine animale des contaminations a été avancée.

I.7.1.2 – Transmission interhumaine du VHE

La transmission du VHE de personne à personne est peu commune. Le taux d'infection secondaire par contact dans un foyer a été estimé à 0.7%-2.2% pour le VHE de génotype 1 et 2, alors qu'il est de 50-75% pour le VHA. Les cas multiples d'hépatites E dans un foyer sont plus liés à la consommation de la même source d'eau ou de nourriture contaminée plutôt qu'à la transmission de personne à personne (Aggarwal and Jameel, 2011).

La transmission interhumaine des génotypes 3 et 4 semble quasi-inexistante, probablement évitée par de bonnes conditions d'hygiène. La consommation d'un même repas de viande crue est parfois à l'origine de cas groupés (Tei et al., 2003; Colson et al., 2010)

I.7.1.3 – Transmission fœto-maternelle

Il existe une transmission verticale du VHE de génotype 1 de la mère à l'enfant. Ceci a été étudié chez 8 nourrissons nés de mères ayant développé une hépatite E au 3ème trimestre de leur grossesse. Six enfants sur 8 avait des signes caractéristiques de l'infection par le VHE et 2 sont morts suggérant une forte morbidité et mortalité périnatale (Khuroo et al., 1995). Alors que de nombreux cas d'hépatites E de génotype 1 chez la femme enceinte ont été rapportés, un cas de d'hépatite E de génotype 3 a été observé chez une femme enceinte qui n'a pas eu de conséquence sur la grossesse ni sur l'enfant (Anty et al., 2012).

I.7.1.4 – Transmission transfusionnelle

La possibilité d'infection expérimentale de primates par un VHE humain par voie parentérale suggère que le risque transfusionnel existe bien. Ce risque transfusionnel est étayé par une étude rétrospective et prospective chez des patients poly-transfusés en Inde (Khuroo et al., 2004), puis également observé chez un enfant dans le sud de la France ayant développé une hépatite E de génotype 3 (Colson et al., 2007).

I.7.2 – Transmission zoonotique : VHE de génotypes 3 et 4

I.7.2.1 – Zoonoses avérées

Deux études japonaises ont fait état de transmissions zoonotiques directes du VHE. La première étude décrit de l'infection de 4 personnes sur 7 ayant consommé de la viande crue de cerf sika (*Cervus nippon nippon*). La deuxième décrit l'infection d'un chasseur de 57 ans après ingestion de viande de sanglier mal cuite. Dans les 2 cas, de l'ARN viral a pu être isolé et amplifié des restes de viandes congelés et des sera des patients montrant chacun de 99,95% à 100% d'identité. Ces résultats confirment l'origine zoonotique de l'infection de ces patients par consommation de viande de cerf ou de sanglier infectée par le VHE.

I.7.2.2 – Zoonoses suspectées

La consommation de viande de cerf ou de sanglier peu ou pas cuite ne saurait expliquer la majorité des cas. En effet, lors d'une étude cas-contrôle en Allemagne, seul 18–20% des personnes ayant développé une hépatite E déclarait avoir manger du gibier dans les 2 mois précédent la déclaration des symptômes (Wichmann et al., 2008). D'autres origines et voies de contamination que la viande de cerf et de sanglier peu ou pas cuites sont donc soupçonnées. Les modèles d'infections expérimentaux, les études épidémiologiques, sérologiques et phylogénétiques ont permis d'évaluer le spectre d'hôte et le risque zoonotique associé à chaque génotype.

I.7.2.2.1 – Modèles expérimentaux de transmission interespèce

Les modèles expérimentaux de transmission inter-espèces confortent le potentiel zoonotique du VHE de génotypes 3 et 4. L'inoculation aux macaques Rhésus (*Macacca mulatta*) de VHE de génotypes 3 ou 4 conduit à une infection des animaux avec augmentation limitée des enzymes hépatiques, une excrétion fécale du virus et une séroconversion (Tableau 1) (Meng, Halbur, Shapiro, et al., 1998; Arankalle et al., 2006). De la même manière, les VHE de génotypes 3 et 4 isolé chez l'homme sont infectieux chez le porc (Tableau 1) (Meng, Halbur, Shapiro, et al., 1998; Feagins et al., 2008), suggérant une absence de barrière d'espèces entre les suidés et les primates. Les porcs ne sont, par contre, pas sensibles à l'infection par le VHE de génotype 1 ou 2 (Meng, Halbur, Haynes, et al., 1998). Les mécanismes moléculaires de restriction d'hôtes ne sont pas encore compris. Une étude récente suggère que le degré d'hétérogénéité de la partie hypervariable de l'ORF1 pourrait jouer un rôle (Purdy, Lara, et al., 2012).

De plus, l'infection du porc par les génotypes 3 et 4 n'entraine pas de symptômes. L'infection de truies gestantes par du VHE de génotype 3 n'entraine pas d'hépatite fulminante, d'avortement ou de transmission verticale, complication généralement résultantes lors d'infections des femmes enceintes par du génotype 1 (Kasorndorkbua et al., 2003). Le porc est donc un modèle limité pour l'étude de l'infection par le VHE chez l'homme. Ce modèle est à réserver aux études sur la multiplication virale plutôt que sur la physiopathogénèse.

Tableau 1 - Modèles expérimentaux inter-espèces du virus de l'hépatite E

Génotype	Hôte Naturel	Modèle expérimental	Sérologie	Infection	Référence
1	Homme	Macaque	+	+	(Tsarev et al., 1995)
		Porc	-	-	(Meng et al., 1998a)
		Lapin	+	-	(Ma et al., 2010)
2	Homme	Macaque	+	+	(Li et al., 2006)
		Porc	-	-	(Meng et al., 1998a)
3	Homme	Macaque	+	+	(Erker et al., 1999)
		Porc	+	+	(Meng et al., 1998a)
	Porc	Macaque	+	+	(Meng et al., 1998b)
		Porc	+	+	(Meng et al., 1998b)
4	Homme	Macaque	+	+	(Ma et al., 2009)
		Porc	+	+	(Feagins et al., 2008)
		Lapin	+	+	(Ma et al., 2010)
	Porc	Macaque	+	+	(Arankalle et al., 2006)
		Porc	+	+	(Arankalle et al., 2002)
Lapin	Lapin	Lapin	+	+	(Ma et al., 2010)
		Porc	+	+	(Cossaboom et al., 2012)
Rat	Rat	Rat	+	+	(Purcell et al., 2011)
		Macaque	-	-	(Purcell et al., 2011)
		Porc	-	-	(Cossaboom et al., 2012)
Aviaire	Poulet	Poulet	+	+	(Huang et al., 2004)
		Dinde	+	+	(Sun et al., 2004)
		Macaque	-	-	(Huang et al., 2004)
		Porc	-	-	(Pavio et al., 2010)

Une première étude moléculaire du spectre d'hôte du génotype lapin suggère l'absence de déterminants d'espèces (Geng et al., 2011). L'infection expérimentale du VHE lapin sur des porcs est possible (Tableau 1) (Cossaboom et al., 2012). Par contre, l'inoculation de lapins par du VHE de génotype 4 ne conduisit qu'à 2 lapins infectés sur 9 4 et aucun lapin infectés avec du génotype 1, bien que les 2 groupes aient séroconvertis (Ma, Zheng, et al., 2010). La transmission restreinte du VHE chez le lapin suggère que ceux-ci ne seraient pas un réservoir à risque d'exposition pour l'homme. Une vérification du risque zoonotique serait néanmoins nécessaire par l'inoculation du génotype lapin chez le primate non-humain.

Le spectre d'hôtes du VHE aviaire semble limité aux seuls espèces aviaires. En plus de ses hôtes naturels que sont le poulet et le canard, l'infection de dindes par du VHE aviaire est possible (Sun et al., 2004). Par contre, les essais d'infection de porcs ou de macaques sont restes improductifs (Tableau 1) (Huang et al., 2004; Pavio et al., 2010). De même l'inoculation de génotype 3 porcin chez le poulet a échoué, suggérant l'absence de risque de transmission inter-espèce pour le VHE aviaire (Pavio et al., 2010).

Finalement le VHE rat ayant été trouvé récemment, celui-ci n'a fait l'objet que d'un nombre d'étude limité. Pourtant son inoculation a des primates montrant l'absence d'infection et de séroconversion suggère que le VHE rat n'est pas une source de VHE humain (Purcell et al., 2011).

Les VHE présents chez le rat ou les aviaires ne semblent pas être transmissibles à primates (voir Tableau). Aucun cas de transmission zoonotique direct avec le VHE aviaire et le VHE rat n'ont été rapportés. Ceci pourrait être dû au manque d'outils moléculaires pour détecter de telles infections chez l'homme. D'un point de vue sérologique ces virus partagent les mêmes épitopes et les anticorps anti-VHE induits par les génotypes 1 à 4 reconnaissent les antigènes du génotype lapin, du VHE rat et du VHE aviaire (Haqshenas et al., 2002; Cossaboom et al., 2012). Les VHE rat et VHE aviaire sont génétiquement distants du VHE de génotypes 1 à 4 et du VHE lapin, de sorte que les outils moléculaires de détection développés chez l'homme ne permettent pas de les détecter.

I.7.2.2.2 – Exposition des personnes en contact avec les animaux

Les personnes en contact avec les animaux ou les carcasses, tels que les éleveurs, les vétérinaires ou le personnel d'abattoir ont des séroprévalence plus élevée que la population générale ou les professionnels travaillant avec d'autres espèces animales. Une enquête mené aux Etats-Unis a montré une séroprévalence de 27% chez les vétérinaires porcins contre 16% dans la population générale (Meng et al., 2002). En Europe, une approche Bayesienne a été utilisée aux Pays-Bas pour estimer un taux de séroprévalence de 11% chez les vétérinaires porcins contre 2% dans la population générale (Bouwknegt et al., 2008). En Allemagne, une étude menée sur les personnes en contact avec les porcs a montré, en plus d'une séroprévalence de 28.3% chez ces personnes, un risque particulier d'exposition pour les personnes travaillant en abattoir, soit une séroprévalence de 41.7% contre 15.5% pour la population générale (Krumbholz et al., 2012). Dans le Sud-Ouest de la France, 20 chasseurs sur 25 étaient séropositifs (80%) contre 52.2% pour la population générale. Ceci pourrait être expliqué par leur plus grande fréquence de contact avec une faune sauvage infectée, mais aussi par leur consommation traditionnelle de viande de gibier non cuite (Mansuy et al., 2011). Au Danemark, une étude rétrospective menée sur des sérums de 1983 a montré une séroprévalence plus élevée chez les fermiers (50.4%) que dans la population générale (32.9%) qui serait associé au contact avec les chevaux. Cette même étude a montré de plus une diminution de séroprévalence dans la population générale jusqu'à 20.6% en 2003 (Christensen et al., 2008). Cette diminution pourrait être due à l'amélioration des conditions d'hygiène. Enfin, en Suède, aucune différence significative n'a été observé entre les éleveurs de porcs (13%) contre la population contrôle (9.3%) (Olsen et al., 2006).

I.7.2.2.3 – Liens épidémiologiques entre hépatite E et origine zoonotique

En Allemagne, la consommation d'abats (41% vs. 19%) ou de sanglier (20% vs. 7%) sont épidémiologiquement liés à des cas d'hépatites E (Wichmann et al., 2008). Dans le sud de la France, l'étude d'un cas-contrôle a clairement montré que la consommation de saucisses crues faites à base de foie de porc était liée à un cas groupé d'hépatites E (Colson et al., 2010). Mais tous les cas d'hépatites E de génotypes 3 et 4 ne sont pas liés à l'ingestion de viande. Certains seraient liés à la consommation de mollusques. En effet, les mollusques bivalves sont des organismes filtreurs qui en cas de contamination environnementale par le VHE pourraient concentrer le virus. En effet, de l'ARN viral VHE de génotype 3 a été détecté dans des échantillons de bivalves d'eau douce du Japon (Li et al., 2007) et dans les huîtres en Corée (Song et al., 2010). Un rapport mentionnant l'infection de 4 passagers lors d'une croisière a trouvé une association significative des cas d'hépatites E avec la consommation de fruits de mer à bord (Said et al., 2009). Un cas d'hépatite E chez un patient japonais a aussi été reporté comme provenant de l'ingestion d'une palourde crue au Vietnam sans que des preuves moléculaires n'aient pu être avancées (Koizumi et al., 2004).

I.7.2.2.4 – Proximité génétique des souches humaines et animales

Des transmissions zoonotiques sont aussi indirectement prouvées par la proximité génétique de certaines séquences de VHE isolées chez l'homme et l'animal. Alors que la première séquence entière de génotype 3 isolées chez le porc ne présentait que 80% d'identités avec les génotypes 1 et 2 humains (Meng et al., 1997), des cas d'hépatites E provoqués par les génotype 3 et 4 furent également découverts chez l'homme. Les premières séquences entières de VHE de génotype 3 isolées chez l'homme présentaient 90 à 93% d'identités en nucléotides (Meng, Halbur, Shapiro, et al., 1998). De plus courtes séquences (185 nt) de génotypes 4 isolés aussi chez l'homme et le porc montrèrent 97.4% d'homologies (Hsieh et al., 1999). Diverses études aux USA, au Japon et en Europe ont montré des homologies de séquences partielles allant jusqu'à 100% entre des isolats humains et porcins (Purdy and Khudyakov, 2011). Une étude mené au Japon a montré 100% d'identité sur les séquences partielles et 99.0% d'identité sur les génomes entiers d'un isolat porcin avec un cas humain de VHE de génotype 3, démontrant indirectement l'origine zoonotique de ce cas d'hépatite E (Nishizawa et al., 2003).

Malgré l'appartenance à un même génotype ou une proximité génétique très forte, les souches circulantes chez l'animal ne sont pas toujours la cause des cas humains. Alors qu'en Chine de l'Est, les transmissions zoonotiques du VHE de génotype 4 semblent être la cause des cas humains (Fu et al., 2010), en Chine du centre, les sous-types de génotype 4 circulants chez l'homme et le porc sont différents (Zhang et al., 2009). De même pour le génotype 3, en Bolivie, il a été montré que les souches circulantes chez les habitants d'un village et leurs porcs appartenaient à 2 sous-types différents dont l'ancêtre commun daterait d'il y a 250 ans. Dans ce village pauvre, les animaux sont en contact étroit avec les habitants suggérant des transmissions zoonotiques fréquentes. Pourtant, la transmission anthroponotique est majoritaire et permet d'acquérir dès le plus jeune âge une immunité face aux souches circulantes chez les porcins (Purdy, Dell'amico, et al., 2012). Enfin, en Inde, alors que les porcs sont infectés par du VHE de génotype 4, la totalité des cas reportés, à l'exception de rares cas, sont causés par du génotype 1 (Arankalle et al., 2002; Rolfe et al., 2010).

Ces rapports montrent l'importance des études moléculaires pour l'évaluation de l'origine des cas d'hépatite E.

I.8 – Prévention

I.8.1 – Hygiène et Surveillance alimentaire

Dans les pays de VHE épidémique, les premières solutions à mettre en œuvre concernent les conditions d'hygiène : séparer l'eau potable des arrivées d'égouts, bouillir l'eau, éduquer les populations.

Dans les pays industrialisés, le VHE est aussi un problème de santé publique. Ne semblant pas transmis par l'eau, les mesures à prendre concernerait plutôt le réservoir animal, à savoir les porcs, les sangliers et les cerfs. Une information sur le risque de transmission du VHE devrait être faite auprès des personnes en contact avec les porcs. Assurer un contact réduit du personnel de ferme et d'abattoir avec les animaux et les carcasses par l'utilisation de gants et de protections appropriées devraient permettre de réduire le risque d'exposition au VHE porcin. De même une information des consommateurs sur la cuisson de ces viandes devrait être faite. Il a été montré que la consommation de saucisse de foie de porc cru était liée à des cas d'hépatites E dans le sud de la France (Colson et al., 2010). Suite à une saisine de l'Agence de sécurité sanitaire, les emballages de ces saucisses de foie de porc cru sont maintenant étiquetés avec la mention « à cuire à cœur ». Le foie n'est pas le seul organe où de l'ARN viral a été retrouvé. C'est pourquoi des études doivent continuer d'évaluer le risque réel d'infection à partir notamment des muscles des animaux, estimer la dose infectieuse et définir des méthodes de préparation des viandes afin d'éliminer le virus. Une autre approche serait de vacciner les animaux d'élevages.

La présence possible de VHE dans le sang utilisé en transfusionnel dans les greffons pose aussi un réel problème. Le risque transfusionnel est surtout à craindre chez les personnes immunodéprimées qui peuvent développer des formes chroniques. La possibilité de recevoir un greffon infecté par le VHE est aussi à considérer, un cas ayant été récemment rapporté en Allemagne (Pischke et al., 2010).

I.8.2 – Vaccination

Il est estimé qu'un tiers de la population mondiale est exposé au VHE (Rein et al., 2011). Le développement de vaccins inactivés traditionnels est limité par l'incapacité à pouvoir cultiver le VHE efficacement *in vitro*. Récemment des progrès significatifs ont été réalisés grâce au développement de vaccins recombinants exprimant la protéine de capside virale du VHE.

Deux vaccins ont notamment passé avec succès des essais cliniques avancés. Le premier, mis au point par l'armée américaine et GlaxoSmithKline est basé sur l'expression en baculovirus d'une partie de l'ORF2 (acides aminés 112–660) d'un isolat VHE de génotype 1 du Pakistan. Le vaccin a montré 95.5% d'efficacité après administration de 3 doses sur une population de 2000 personnes (Shrestha et al., 2007). Un deuxième vaccin a été mis au point par Wantai Biological Pharmaceutical Co et Xiamen Innovax Biotech, basé sur l'expression bactérienne de la protéine recombinante correspondant aux acides aminés 368–660 de l'ORF2 d'un isolat de VHE de génotype 1 de Chine. Ce vaccin, HEV239, a montré 100% d'efficacité après 3 administrations chez 48693 individus (Zhu et al., 2010). Pour le moment, aucun de ces 2 vaccins n'est à présent disponible sur le marché.

II – Variabilité Génétique des virus zoonotiques à ARN

La variabilité génétique est une mesure de la tendance des génotypes (groupe d'organismes partageant la même constitution génétique) individuels dans une population à varier les uns par rapport aux autres. Cette variabilité joue un rôle clé dans l'évolution des organismes en permettant l'adaptation à des stress environnementaux et est fondamentale pour le maintien de la biodiversité.

La variabilité génétique résulte d'erreurs lors du processus de réplication conduisant à l'altération du matériel génétique. Un maintien de l'intégrité génétique est important pour la conservation de l'information génétique. Les organismes dont le patrimoine génétique est porté par l'ADN possèdent des mécanismes de corrections d'erreurs permettant le maintien de l'intégrité du patrimoine génétique. De tels mécanismes n'existe pas généralement pour les organismes dont le patrimoine génétique est porté par l'ARN, résultant, suivant la fidélité de l'ARN polymérase, à un certains nombres d'altérations génétiques à chaque cycle de réplication. L'information génétique codée par l'ARN a ainsi l'avantage d'une plus grande plasticité, mais en contre partie d'une conservation diminuée.

Les virus à ARN se caractérisent par un fort taux de réplication, une absence de corrections d'erreurs, entrainant un taux de mutation élevé dépendant de la rapidité et de la fidélité de leur polymérase respective. Mais l'ARN polymérase n'est pas seule responsable de la variabilité génétique, des facteurs cellulaires ou environnementaux peuvent modifier le matériel génétique.

II.1 – Variabilité génétique

II.1.1 – Mécanismes de création de la variabilité génétique

II.1.1.1 – Mutations

II.1.1.1.1 – Types de mutations

Une mutation est un changement ponctuel dans une séquence génomique se traduisant par la substitution, l'insertion ou la délétion d'un acide nucléique.

La substitution d'une purine en purine (A et G) ou d'une pyrimidine en pyrimidine (C et T) est appelé transition et le changement d'une purine en pyrimidine (A/G en C/T) ou d'une pyrimidine en purine (C/T en A/G) est appelé transversion. Il existe 4 combinaisons de substitutions menant à des transitions et 8 combinaisons menant à des transversions (Figure 12). Bien qu'il existe plus de combinaisons pouvant mener à des transversions, les transitions sont plus fréquentes du fait des mécanismes moléculaires causant les mutations, cités ci-après. De plus, les transitions ont moins de chances de résulter en un changement d'acide aminé.

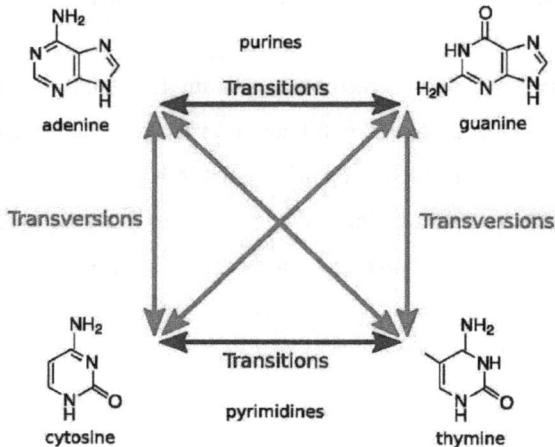

Figure 12 - Types de substitutions nucléotidiques

Lorsqu'une mutation affecte une région codante, celle-ci peut être silencieuse si elle n'entraine pas de changement d'acide aminé. Une mutation est dite faux-sens si elle entraine la substitution d'un acide aminé par un autre et non-sens si elle change un codon spécifiant un acide aminé par un codon Stop.

Les modifications de séquence génétique comprennent des insertions et des délétions d'un ou plusieurs acides nucléiques. L'addition ou délétion d'acides nucléiques en nombre non multiple de 3 entraine le décalage du cadre de lecture lors de la traduction, résultant en une protéine tronquée par l'apparition d'un codon stop prématuré et le plus souvent non fonctionnelle.

En plus des changements en séquences protéique, les mutations peuvent perturber le structure secondaire, voir tertiaire de l'ARN. Pour les virus, ceci a une incidence particulière dans les régions non codantes des ARN impliquées dans l'initiation de la réplication, de la traduction ou de l'encapsidation, ainsi que dans les régions codantes de l'ARN impliquées dans l'épissage.

II.1.1.1.2 – Origine des mutations

Les modifications spontanées, qu'elles soient induites par l'environnement, créées par la polymérase ou bien produite par la réponse d'une cellule hôte à l'invasion, virale sont des causes de ces changements structuraux.

II.1.1.1.2.1 – Mutations spontanées

Les modifications chimiques des bases nucléiques peuvent se faire spontanément. Les bases nucléiques existent sous 2 isomères : keto et enol pour la guanine (G) et la thymine (T), et amino et imino pour l'adénine (A) et la cytosine (C). L'isomère de la forme prédominante possède des propriétés d'appariement différentes. Par exemple, la forme enol de G s'appariera avec T au lieu de C, causant une transition (Figure 13).

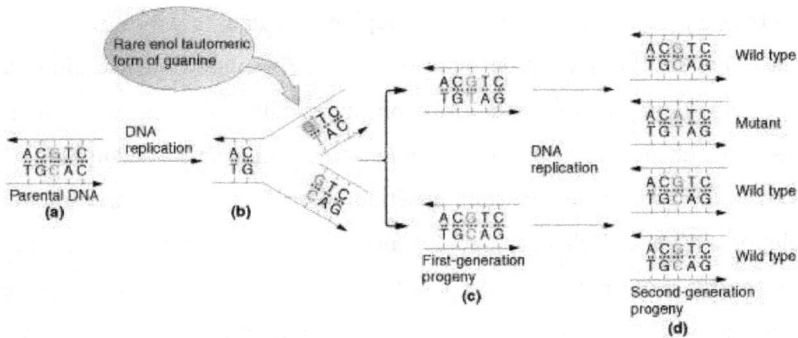

Figure 13 - Génération d'une transition par modification tautomérique d'une base
("Spontaneous mutations - An Introduction to Genetic Analysis - NCBI Bookshelf," 2012)

Des dégradations spontanées peuvent aussi se produire comme la dépurination des bases A et G, donnant des sites apuriniques, ou la déamination modifiant un C méthylé en A ou un A en Hypoxanthine (HX).

L'alkylations des bases est aussi un phénomène pouvant se produire spontannément et pouvant mener à la décomposition ou au mésappariement de bases.

II.1.1.1.2.2 – Les mutations induites

II.1.1.1.2.2.1 – Les mutations induites par un stress oxydatif et UV

Le stress oxydatif d'une cellule correspond à l'accumulation de dérivés réactifs de l'oxygène. Ceux-ci peuvent mener à l'oxydation du matériel génétique. De même les UV, la chaleur ou les rayonnements peuvent oxyder le matériel génétique menant à la cassure d'une séquence nucléique ou au dommage et la perte d'une base. De nombreux mutagènes chimiques, tels que les analogues de bases, les intercalants ou les alkylants sont des outils utiles à l'étude génétique expérimentale.

II.1.1.1.2.2.2 – Les mutations induites par la polymérase

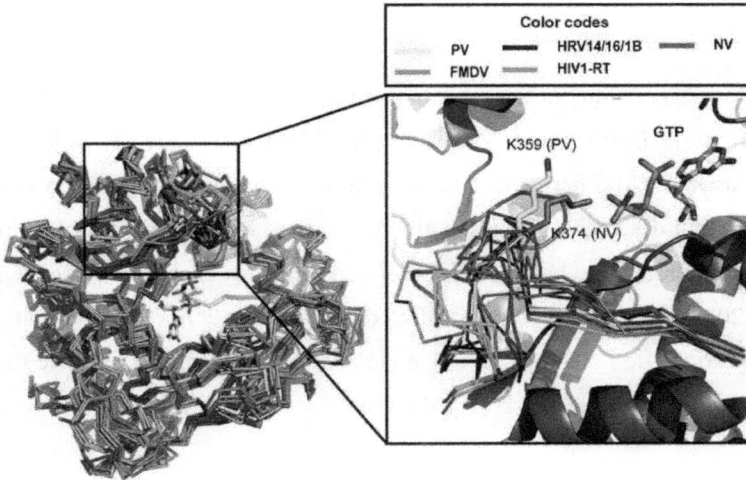

Figure 14 - Conformation du motif D de l'ARN Polymérase
Alignement des structures secondaires de l'ARN Polymérase du du poliovirus (PV), du virus de la
fièvre aphteuse (FMDV), du rhinovirus humain (HRV), du virus de Norwalk (NV) et du virus de
l'immunodéficience humaine (HIV). Le motif D est un élément dynamique influençant la capacité de
catalyse de la polymérase. (Cameron et al., 2009)

En effet, la transcription est gouvernée par un équilibre entre fidélité et
rapidité. Cet équilibre peut être modulé par des changements de conformation et
des propriétés de catalyse du site actif ou d'un site distant de l'enzyme
(Cameron et al., 2009). Les ARN polymérase ARN-dépendante (RdRP, RNA
Polymerase RNA-dependant) semblent être dans l'ensemble conservées (Figure
14), mais une mutation, même éloignée du site catalytique peut entrainer des
changements de fidélité. Par exemple, la mutation G64S de la RdRP du
poliovirus entraine une augmentation par 3 de la fidélité en réduisant l'espace de
formation des mésappariements près d'un site de liaison aux nucléotides
(Pfeiffer and Kirkegaard, 2003). En revanche, un taux d'erreur trop élevé de
l'ARN polymérase virale se traduit par une perte irréversible de l'information

génétique et conduit à l'erreur catastrophique et à une perte de viabilité (Biebricher and Eigen, 2005).

II.1.1.1.2.2.3 – Les mutations induites par des facteurs de l'hôte

Des enzymes de l'hôte peuvent aussi être responsables de mutations sur le génome viral. Les enzymes éditrices de l'ARN tels que les adénosines désaminases ADARs permettent le contrôle de l'invasion virale par la cellule hôte en créant des sites d'hypermutation de A vers G, ce qui a été observé pour le virus de la rougeole, le virus respiratoire syncitial ou encore, le poliomavirus (Bass, 2002). Le rôle de la cytidine désaminase APOBEC, induisant des hypermutations de l'ADN rétroviral, a été aussi évoqué comme ayant le même effet sur les ARN viraux (Bishop et al., 2004).

II.1.1.2 – Mécanismes de recombinaisons et réassortiments

La plupart des virus à ARN ont la capacité d'échanger du matériel génétique entre eux et avec leur hôte. Deux types d'échanges génétiques existent : la recombinaison et le réassortiment.

II.1.1.2.1 – Les recombinaisons homologues et hétérologues

La recombinaison correspond à l'introduction d'une séquence nucléotidique donneuse sur une molécule d'ARN acceptrice, résultant dans la présence de 2 informations génétiques sur le même brin d'ARN. Les phénomènes de recombinaisons ont été tout d'abord décrits pour les virus à ARN simple brin positifs, mais existent aussi pour les virus à ARN simple brin négatif et les virus à ARN double brins. La recombinaison peut être homologue lorsque la séquence donneuse remplace la région homologue de l'accepteur sans en changer la structure. Quand des virus similaires échangent une séquence sans maintenir l'alignement strict, on parle de recombinaison homologue aberrante, provoquant des mésappariements, insertions, délétions, les plus souvent délétères pour le virus. Enfin, l'échange de matériel génétique non apparenté correspond à une recombinaison hétérologue. Le mécanisme de recombinaison implique que les séquences donneuses et acceptrices se retrouvent dans la même cellule. La quasi-totalité des études a montré que le mécanisme de recombinaison passait par le modèle de choix de copie, c'est-à-dire un saut de la polymérase d'une matrice à l'autre au cours de la réplication de l'ARN viral (Nagy and Simon, 1997). La recombinaison procure un avantage évolutif certain en permettant la propagation de traits bénéfiques et l'élimination de gènes délétères. La recombinaison du virus de l'encéphalite équine de l'Est et du virus Sindbis aurait ainsi permis l'émergence du virus de l'encéphalite équine de l'Ouest (Figure 15) (Hahn et al., 1988). Les recombinaisons des souches atténuées du vaccin du poliovirus montre le potentiel d'échappement naturel du virus au système immunitaire menant à la colonisation du système nerveux central (Georgescu et al., 1994). La recombinaison entre ARN viraux et ARN cellulaire a également été observé pour le virus de la grippe A, pour lequel l'insertion d'une séquence de l'ARN ribosomal 28s dans le gène de l'hémagglutinine est associée à une pathogénèse virale augmentée (Khatchikian et al., 1989).

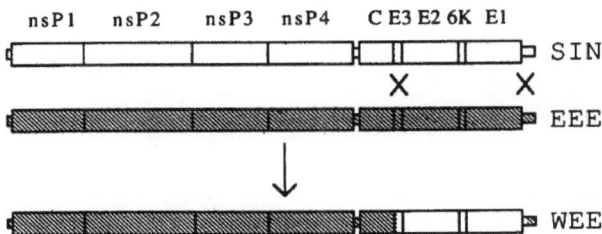

Figure 15 - Recombinaison à l'origine du virus WEEV
La recombinaison du virus de l'encéphalite équine de l'Est (EEE) avec Sindbis (SIN) serait à l'origine du virus l'encéphalite équine de l'Ouest (WEE) (Hahn et al., 1988)

II.1.1.2.2 – Les réassortiments

Les virus de la famille des *Orthomyxoviridae, Bunyaviridae, Arenaviridae* et *Reoviridae* sont des virus à ARN segmenté. Le processus de réassortiment, c'est-à-dire l'échange de segments complets du génome entre 2 virus peut survenir lors de la co-infection d'une même cellule. Ce processus n'intervient pas par saut de la polymérase durant la réplication, mais lors de l'empaquetage aléatoire des différents segments à partir du pool intracellulaire au sein des particules virales. Tous les segments ne sont pas interchangeables. Ce processus contribue grandement à la variabilité génétique virale et intervient notamment entre virus grippaux d'un même type. Les réassortiments de virus d'origines humaine et animale ont abouti à l'émergence de sous-types nouveaux responsables des grandes pandémies de grippe. Ainsi, la dernière pandémie de grippe de 2009 correspond au réassortiment de souches porcine, aviaire et humaine de la grippe A (Figure 16) (Trifonov et al., 2009). Les segments du virus de la grippe A humaine H1N1 de 2009 ont coexisté pendant 10 ans avec les souches de la grippe A porcine. Les ancêtres de la neuraminidase n'avaient pas été observés depuis presque 20 ans. L'hôte du réassortiment actuel est le plus probablement le porc.

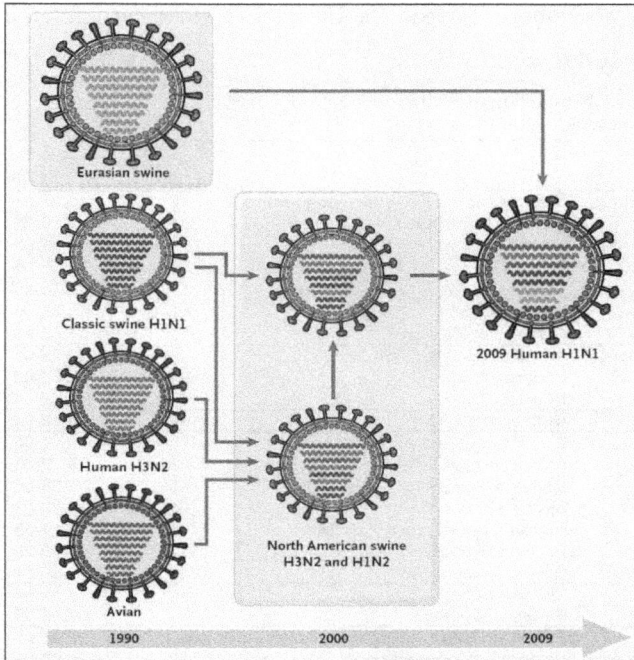

Figure 16 - Réassortiments à l'origine du virus de la grippe A H1N1 pandémique
Histoire des événements de réassortiments dans l'évolution du virus de la grippe A H1N1 de 2009. Les 8 segments montrés dans chaque virus codent pour les protéines suivantes (de haut en bas) : polymérase PB2, polymérase PB1, polymérase PA, hémaglutinine, protéine nucléaire, neuraminidase, protéines de matrices et protéines non-structurales.

II.1.2 – Taux de mutations spontanées et variabilité génétique

II.1.2.1 – Organismes supérieurs et virus à ADN

Chez *Arabidopsis thaliana*, organisme modèle de recherche génétique chez les plantes, le taux de mutation spontanée de son ADN est de 7×10^{-9} mutations par site par génération. Ces mutations spontanées sont majoritairement des transitions causées par déamination des cytosines méthylées et par mutagénèse induite par les UV (Ossowski et al., 2010). Les taux de mutations des virus à ADN double brin peuvent aussi atteindre 10^{-9} mutations par site par génération (Tableau 2). Un taux de mutation faible entraine une évolution lente des organismes.

Tableau 2 - Taux de mutations des virus
(adapté de Sanjuan t al, 2010)

Groupe	Virus	Taille du génome (kb)	Taux de mutation
ARNsb(+)	Bacteriophage Qβ	4,2	1,1E-03
	Tobacco mosaic virus	6,4	8,7E-06
	Human rhinovirus 14	7,1	6,9E-05
	Poliovirus 1	9,5	9,0E-05
	Tobacco etch virus	9,7	1,2E-05
	Hepatitis C virus	9,7	1,2E-04
	Murine hepatitis virus	31,4	3,5E-06
ARNsb(-)	Vesicular stomatitis virus	11,2	3,5E-05
	Influenza A virus	13,6	2,3E-05
	Influenza B virus	14,5	1,7E-06
ARNdb	Bacteriophage Φ6	13,4	1,6E-06
Retro	Duck hepatitis B virus	3,0	2,0E-05
	Spleen necrosis virus	7,8	3,7E-05
	Murine leukemia virus	8,3	3,0E-05
	Bovine leukemia virus	8,4	1,7E-05
	Human T-cell leukemia virus type 1	8,5	1,6E-05
	Human immunodeficiency virus type 1	9,2	2,4E-05
	Rous sarcoma virus	9,4	1,4E-04
ADNsb	Bacteriophage ΦX174	5,4	1,1E-06
	Bacteriophage M13	6,4	7,9E-07
ADNdb	Bacteriophage λ	48,5	5,4E-07
	Herpes simplex virus type 1	152	5,9E-08
	Bacteriophage T2	169	9,8E-08

II.1.2.2 – Taux de mutations spontanée des virus à ARN

Par comparaison, les virus à ADN peuvent présenter des taux de mutations quasi-similaires à des organismes supérieurs. En revanche, les virus à ARN présentent des taux de mutations spontanées de 10^3 à 10^6 fois supérieurs (Tableau 2). Ce taux de mutation semble en partie corrélé à la taille du génome – plus le génome est grand, plus le taux de mutation serait faible - ainsi qu'à l'absence de correction d'erreur des ARN polymérases.

II.1.3 – Effet du biais nucléotidique et de l'usage des codons sur la variabilité génétique

L'évolution des gènes est directement influencée par la composition intrinsèque du génome en nucléotide. En effet, les compositions en nucléotides et dinucléotides ne sont pas aléatoires et le code génétique étant dégénéré, l'usage des codons est aussi biaisé. Ces biais dépendent des pressions de mutation et de sélection. La pression de mutation se manifeste par le caractère spontanée des mutations à se former en proportions déterminées par la composition nucléotidique du génome et par la concentration en nucléotide dans son environnement, tandis que la pression de sélection correspond à la modification du code du génome afin de moduler l'efficacité de traduction selon les ARNt disponibles, ou bien de pouvoir échapper au système immunitaire de son hôte. Considérant des ressources changeantes en nucléotide et ARNt, l'évolution des génomes est rhétorique, faisant intervenir un équilibre entre une pression de mutation affectée par les dNTP disponibles et une pression de sélection optimisant l'utilisation de codons traduisibles rapidement et fiablement (Figure 17) (Vetsigian and Goldenfeld, 2009). Comprendre l'étendu et les causes du biais dans l'usage des codons est essentiel pour comprendre l'évolution virale et l'écologie virale, particulièrement en ce qui concerne l'adaptation de pathogènes zoonotiques à différents hôtes.

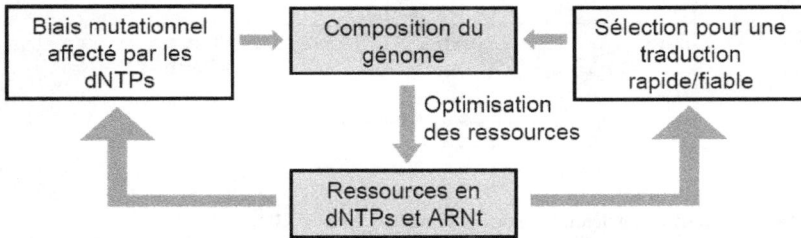

Figure 17 - Théorie co-évolutionnaire de l'évolution de la composition des génomes (adapté de Vetsigian et al., 2008)

II.1.3.1 – Biais nucléotidique

Il a été observé que la majorité des virus à ARN, positifs ou négatifs, présente une composition en T et G proche de 25%, c'est-à-dire une distribution aléatoire, tandis qu'un biais est observé en faveur du A et contre le C. Seuls quelques virus à ARN positif (le virus de l'hépatite C, le virus de l'hépatite E, le virus GB-C et le virus de la rubéole) présentent un biais inversé en faveur du C et contre le A (Figure 18) (Auewarakul, 2005). La raison de ce biais n'est pas connue, mais pourrait être due à une stratégie d'adaptation particulière à certains hôtes ou bien au fait que le virus de l'hépatite C, le virus de l'hépatite E, le virus GB-C et le virus de la rubéole seraient les représentants du même ancêtre commun portant un biais en faveur du C et contre le A.

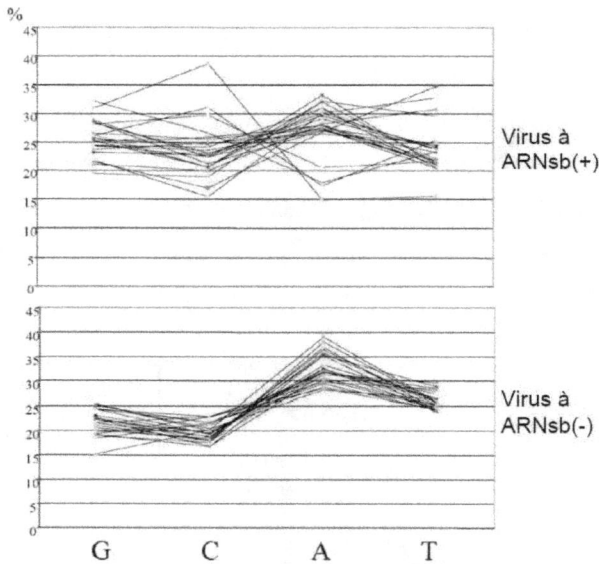

Figure 18 - Composition nucléotidique des génomes des virus à ARN
25 virus à ARN simple brin positif et 21 virus à ARN simple brin négatif (Auewarakul, 2005)

II.1.3.2 – Biais des dinucléotides CpG

Chez les mammifères, il existe une sous-représentation des dinucléotides CpG dans l'ADN. Ceux-ci peuvent être méthylés afin de servir au contrôle de l'expression épigénétique des gènes, mais sont aussi plus sensibles aux désaminations spontanées. La méthylation des CpG sert aussi de reconnaissance des séquences du non-soi et permet de déclencher une réponse immunitaire (Klinman et al., 1996). Or les dinucléotides CpG sont aussi sous-représentés chez tous les virus à ARN. Ceci pourrait être le résultat de la co-évolution des virus avec leurs hôtes et d'une optimisation à leur environnement (Greenbaum et al., 2008). Il est intéressant de noter que seul 4 virus de la famille des *Togaviridae* ne présentent pas cette suppression. L'hypothèse d'une réplication primaire chez le moustique, plutôt que chez l'homme influençant cette suppression, est possible pour les virus Semliki et Sindbis, mais par pour le virus de la rubéole qui infecte uniquement l'homme.

II.1.3.3 – Usage des codons

Le nombre effectif de codon (ENC) est un indice calculé à partir de l'utilisation relative des codons synonymes dans un génome. Il varie entre 20, soit une utilisation restreinte d'un codon par acide aminé, et 61, soit l'utilisation de tous les codons du code génétique. L'ENC calculé pour les virus à ARN varie entre 39.2 et 59.3, montrant une utilisation peu biaisé des codons par les virus à ARN. Les valeurs d'ENC des virus à ARN sont directement influencés par le pourcentage de GC en 3ème position des codons (GC3s) des génomes, montrant que la pression de mutation joue un rôle prépondérant dans la composition de leur génome (Figure 19) (Jenkins and Holmes, 2003).

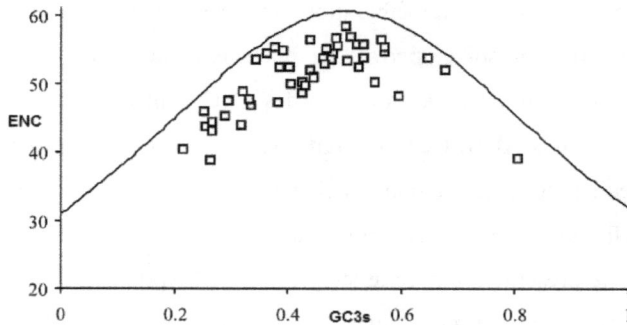

Figure 19 - Biais des codons des virus à ARN
Graphique des valeurs des nombre effectif de codon (Nc) *versus* le pourcentage de GC en 3ème position des codons de 50 virus à ARN (Jenkins and Holmes, 2003)

II.1.3.4 – Co-évolution hôte-virus

Le protéome des mammifères possède, à peu de choses près, le même usage des codons. Pourtant, les virus des mammifères possèdent une utilisation très diverse du code génétique. Ces virus pourraient ainsi garder un plus large spectre d'hôte. Les virus infectant uniquement l'homme sont une exception pour lesquels une forte corrélation à l'usage des codons de leur hôte a été montrée (Bahir et al., 2009). La raison de cette co-évolution particulière est encore inconnue, mais ces différences entre virus animaux et virus humains ont des implications particulières. Les virus animaux possèdent un usage des codons non optimisé ce qui leur permet de garder un spectre d'hôte plus large. Au contraire, la désoptimisation des codons des virus humains permet leur atténuation, comme obtenu pour le virus de la grippe A (Mueller et al., 2010). L'infection de l'homme par de nouveaux virus animaux est donc possible à travers tout d'abord quelques mutations modifiant les systèmes d'entrée et de multiplication à l'intérieur des cellules hôtes, mais son évolution pour devenir un virus uniquement humain passe par l'optimisation de son code génétique.

Ainsi, la composition en nucléotides est un indicateur de l'origine avaiaire ou humaine des segments du virus de la grippe A. En effet, les virus de la grippe A humaine ont un fort pourcentage en A et U, contrairement aux virus aviaires qui présentent un pourcentage en G et C supérieur. Cette co-évolution des génomes des virus de la grippe avec leur hôte initial permet ainsi de percevoir les réassortiments d'origine aviaire des nouveaux virus grippaux humains (Rabadan et al., 2006).

II.1.4 – Pression de sélection

Du fait de la dégénérescence du code génétique, la mutation d'un nucléotide dans une séquence peut être synonyme si elle n'entraine pas de modification de la séquence protéique, ou non-synonyme si l'acide aminé codé est modifié. La comparaison de plusieurs séquences apparentées permet de définir des zones de sélection neutre qui sont sujettes à une absence de mutations ou à des mutations synonymes, des zones de sélection négative où les mutations ne sont pas transmises à la descendance, résultant en une purification des mutations délétères durant l'évolution et les zones de sélection positive pour lesquels une accumulation de mutations non-synonymes sont observées. Ainsi les zones de pression de sélection positive du virus saisonnier de la grippe correspondent aux sites antigéniques permettant d'échapper au système immunitaire (Figure 20) (Furuse et al., 2010).

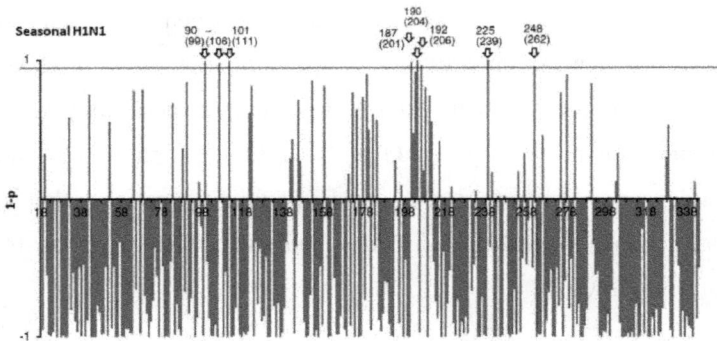

Figure 20 - Pression de sélection le long de la séquence HA de la gripe A H1N1 saisonnière
(Furuse et al, 2010)

II.1.5 – Structuration en une population virale : la Quasiespèce

II.1.5.1 – Théorie de la quasiespèce

Le fort taux de réplication et de mutations des virus à ARN conduit à définir une population virale. En effet, bien que la réplication soit de type clonale, l'introduction de mutations non corrigées permet une variabilité de la population virale appelée quasiespèce. Une quasiespèce virale peut être représentée comme un nuage de mutants apparentés présents dans un même hôte (Figure 21).

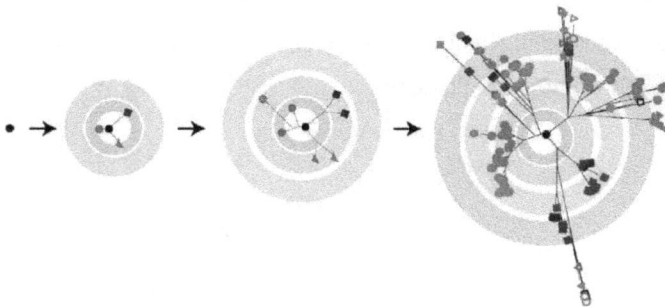

Figure 21 - Développement de la quasiespèce virale
(Lauring and Andino, 2010)

50

II.1.5.2 – Limite de la quasiespèce : l'erreur catastrophique

La variabilité génétique des virus à ARN est limitée par le seuil de variabilité phénotypique qui correspond aux contraintes structurales et fonctionnelles qui s'exercent tant au niveau de l'ARN qu'au niveau protéique. Il existe donc des conséquences à cette variabilité. En effet, ces populations peuvent conduire à l'erreur catastrophique, c'est-à-dire que l'augmentation de leur taux de mutation entraine une diminution brutale voire complète de la viabilité de leur population. Ceci a été montré en augmentant d'un facteur 9,3 le taux de mutation du poliovirus par la ribavirine, un mutagène antiviral, entrainant une diminution de 99,3% de l'infectiosité après un passage (Figure 22) (Crotty et al., 2001).

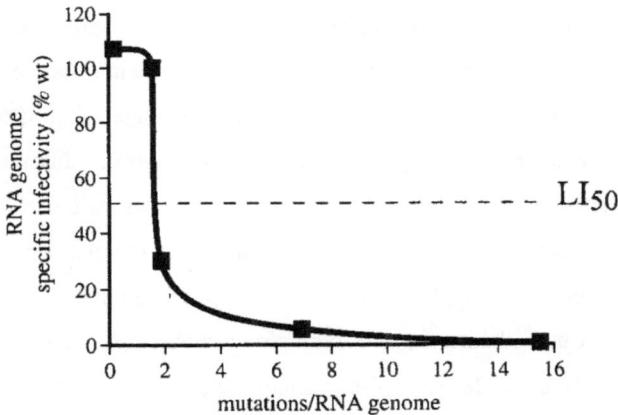

Figure 22 - Perte d'infectiosité selon le taux de mutation du virus de la polio (Crotty et al., 2001)

II.1.5.3 – Effet de la robustesse mutationnelle sur la survie d'une population virale

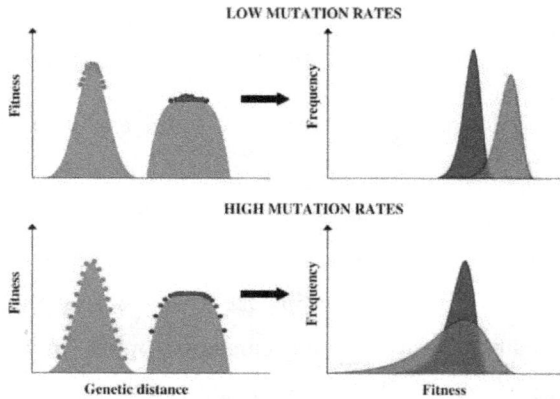

Figure 23 - Robustesse mutationnelle
La robustesse mutationnelle d'une population virale diverse et se répliquant lentement (bleu) est un avantage sélectif par rapport au virus fidèle et hautement réplicatif (rouge) (Sanjuán et al., 2007).

Contrairement à la théorie Darwinienne de la survie du plus fort, la quasiespèce peut favoriser la « survie du plus plat ». Une population « plate » correspondrait à un nombre restreint de virus formant une population génétiquement diverse. Cette dernière aurait un avantage sélectif dans un environnement mutagène par rapport à une population virale plus nombreuse mais moins diverse, qui serait donc plus sensible aux mutations délétères car ne possédant pas autant de traits génétiques compensatoires par rapport à la première population. Une population virale diverse possède ainsi une robustesse mutationnelle. Cette théorie a été montrée par exemple, en utilisant 2 populations de virus de la stomatite vésiculaire ; celle se répliquant plus lentement ayant une robustesse mutationnelle supérieure à l'autre dans un environnement mutagène, révélant un mécanisme de résistance au traitement par mutagénèse létale (Figure 23) (Sanjuán et al., 2007).

II.1.5.4 – Effet de coopération au sein de la quasiespèce

Il existe une coopération entre les variants de la population virale. Par exemple, l'augmentation de la fidélité de la polymérase du virus de la polio montre que le virus n'est plus capable de s'adapter à son environnement et perd sa capacité à atteindre le système nerveux central. En rétablissant la variabilité de la quasiespèce par des mutagènes, le virus retrouve son neurotropisme et les génotypes retrouvés dans le cerveau montre un mélange des virus sauvages et fidèles, signe d'une coopération et de l'importance de la variabilité pour la virulence (Figure 24) (Vignuzzi et al., 2006).

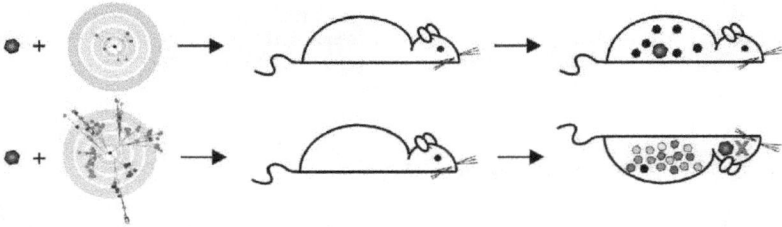

Figure 24 - La variabilité de la population est un déterminant de la virulence
(Lauring and Andino, 2010)

II.1.5.5 – Mémoire virale de la quasiespèce

Enfin, la structure en quasiespèce a permis de suggérer et d'expliquer l'existence d'une mémoire virale. La population virale peut contenir un sous-ensemble de génomes minoritaires qui étaient dominants dans un environnement précédent à l'évolution de la quasiespèce et qui permettent la reconquête rapide de cet ancien environnement. Ceci a été montré *in vitro* par passage de mutants du virus de la fièvre aphteuse (Arias et al., 2004).

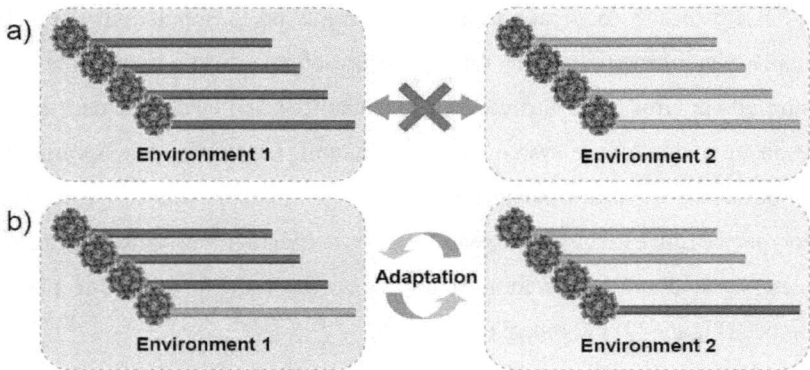

Figure 25 - Représentation schématique de la mémoire virale
(a) les minorités ont été supprimé de la population virale, le virus n'est plus capable de coloniser son ancien environnement sans passer par la mutation de son génome. (b) les minorités de la population virale permettent d'adapter rapidement sa croissance d'un environnement à l'autre.

II.2 – Les virus zoonotiques à ARN

Les 3 groupes de virus à ARN (ARNss(+), ARNss(-), ARNdb) comportent des virus zoonotiques retrouvés dans 12 familles et 17 genres viraux (Tableau 3 ; données source : http://viralzone.expasy.org ; liste non exhaustive). Les virus zoonotiques revêtent une importance particulière en santé publique car ils touchent une très large partie de la population mondiale dans les pays tropicaux et subtropicaux (Chickungunya, Fièvre jaune, Dengue, Rage), et sont à l'origine de pandémies foudroyantes (coronavirus du syndrome respiratoire aigu sévère ou SRAScoV, Grippe A H1N1). Les 4 agents pathogènes les plus virulents au monde sont des virus zoonotiques à ARN (Ebola, Fièvre de Lassa, Fièvre Congo-Crimée et Marburg).

Tableau 3 - Liste des virus zoonotiques à ARN.

Groupe (classification de Baltimore)	Famille	Genre	Virus	Hôtes	Transmission	Maladie
Groupe III : ARNdb	Reoviridae	Seadornavirus	Banna virus	Homme, bétail, cochon, moustique	Arthropodes	Encéphalite
	Coronaviridae	Betacoronavirus	SRAS coronavirus	Homme, civette, chauve-souris	Contact, respiratoire	Maladie respiratoire
	Flaviviridae	Flavivirus	Dengue, West Nile, Fièvre jaune, Encéphalite japonaise, Louping ill, Murray valley encephalitis, tick-borne powassan, St-Louis encephalitis, Kunjin, Langat virus	Homme, moustique, tique,oiseau, cheval, singe	Arthropodes	Encéphalite, fièvre hémorragique
Groupe IV : ARNss(+)	Hepeviridae	Hepevirus	Hépatite E	Homme, cochon, sanglier, cerf, lapin, rat, oiseau	Alimentaire, contact	Hépatite
	Picornaviridae	Cardiovirus	Encephalomyocardite	Homme, souris, rat, porc, lapin	Contact	Encéphalite
	Togaviridae	Alphavirus	Barmah forest, Chikungunya, Eastern equine encephalitis, Mayaro, O'nyong-nyong, Ross river, Sagiyama, Semiliki, Sindbis, Venezuelan equine encephalitis, Western equine encephalitis	Homme, moustique, oiseau, cheval, cochon, marsupiaux, rongeurs	Arthropodes	Fièvre, douleur articulaire, encéphalite, fièvre hémorragique
	Arenaviridae	Arenavirus	Fièvre de Lassa, Lymphocytic choriomeningitis, Junin, Machupo, Pichinde virus	Homme, rongeur	Contact, Fomite	Encéphalite, fièvre hémorragique
	Bunyaviridae	Hantavirus	Hantaan, New York, Seoul, Puumala virus	Homme, rongeur	Contact, Fomite	Syndrome rénal ou respiratoire, fièvre hémorragique
		Nairovirus	Fièvre hémorragique de Crimée-Congo, Dugbe virus	Homme, vertébré, tique	Arthropodes	Fièvre hémorragique, thrombocytopénie
		Orthobunyavirus	Oropouche, La Crosse, snowshoe hare, Bunyamwera virus	Homme, moustique, cerf, rongeur, animaux sauvages	Arthropodes	Fièvre, douleur articulaire, encéphalite
		Phlebovirus	Fièvre de la Vallée du Rift, Sandfly fever , Punta toro phlebovirus	Homme, phlébotomes, moustiques, mammifères	Arthropodes	Fièvre hémorragique
Groupe V : ARNss(-)	Filoviridae	Ebolavirus	Ebolavirus	Homme, singe, chauve-souris	Contact	Fièvre hémorragique
		Marburgvirus	Lake Victoria marburgvirus	Homme, singe, chauve-souris	Contact, Fomite	Fièvre hémorragique
	Orthomyxoviridae	Influenzavirus A	Grippe A	Homme, cochon, oiseau	Respiratoire, contact	Grippe
		Thogotovirus	Dhori virus	Homme, tique	Arthropodes	Encéphalite
	Paramyxoviridae	Henipavirus	Hendra, Nipah virus	Homme, chauve-souris, cheval	Morsure animale	Fièvre, encéphalite, syndrome rénal et respiratoire
	Rhabdoviridae	Lyssavirus	Rage, Duvenhage, Lagos bat, Mokola, European bat, Australian bat lyssavirus	Homme, chauve-souris, mammifère, rongeur	Morsure animale	Encéphalite fatale
		Vesiculovirus	Stomatite vésiculaire, Isfahan, Chandipura virus	Homme, phlébotomes, bétail, cochon, cheval, gerbille	Arthropodes	Lésion buccale, Fièvre

55

II.2.1 – Voies de transmission des virus zoonotiques à ARN

Il existe 3 voies de transmission zoonotique majeures des virus à ARN : la transmission vectorisée par les arthropodes, la transmission par contact avec les sécrétions d'animaux infectés et l'ingestion de virus.

II.2.1.1 – Transmission par les arthropodes : les arbovirus

Les virus transmis de l'animal à l'homme par l'intermédiaire d'arthropodes (moustiques, tiques ou phlébotomes) sont appelé arbovirus (pour arthropod-borne-virus). Les arbovirus zoonotiques à ARN sont représentés par 3 groupes de virus et par 5 familles : *Flaviviridae*, *Togaviridae*, *Rhabdoviridae*, *Reoviridae* et *Bunyaviridae*. Cette transmission permet de s'affranchir de moyens de passer les barrières naturelles d'infection, mais demande plus de contraintes structurales afin d'infecter des hôtes vertébrés et invertébrés. L'émergence de ces virus dans de nouveaux territoires est fréquemment liée à l'introduction de ses arthropodes vecteurs ou d'un hôte infecté sur ces territoires, ainsi que la présence d'un vecteur compétent. Le virus du West Nile (WNV) est un exemple extrême de la colonisation d'un nouvel habitat naïf (Figure 26). Habituellement, le WNV était retrouvé dans l'espèce Culex univittatus et avait pour réservoir majeur le corbeau et le moineau. Le WNV est apparu à New-York en 1999 et a depuis colonisé entièrement l'Amérique du Nord à travers notamment l'espèce vecteur locale *Culex pipiens* et le réservoir aviaire des rouge-gorges (Kilpatrick, 2011).

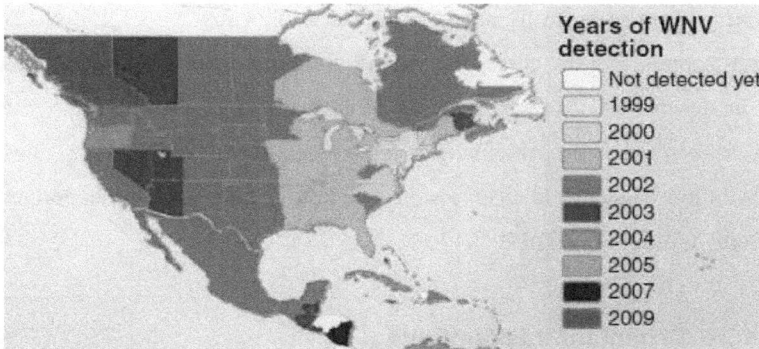

Figure 26 - Emergence et propagation du virus du West Nile en Amérique du Nord
(Kilpatrick, 2011)

II.2.1.2 – Transmission par contact direct, indirect ou inhalation

La deuxième voie de transmission commune est le contact entre des sécrétions animales et des muqueuses ou une plaie. Ceci est vrai pour les virus respiratoires, tels le coronavirus responsable du syndrome respiratoire aigüe sévère (SRAScoV) et le virus de la grippe A qui sont véhiculés par de petites gouttelettes fines d'expiration et qui pourront être respirées par un nouvel hôte. Du fait de la mondialisation et des mouvements rapides des hommes entre les continents, l'émergence de nouveaux virus respiratoires est rapidement disséminée de par le monde, menant à des pandémies. La morsure d'un animal peut permettre la transmission des *Lyssavirus*, ces infections résultant la plupart du temps de contacts étroits avec la faune sauvage. Le contact direct avec les singes, voir avec le réservoir des chauves-souris, est responsable des infections aux virus Ebola et Marburg. Enfin, la transmission par contact direct ou l'inhalation des sécrétions urinaires et fécales des rongeurs ou des chauves-souris permet la transmission des *Hantavirus, Arenavirus* et des *Henipavirus*.

II.2.1.3 – Transmission par voie alimentaire

Le virus de l'hépatite E semble être le seul virus à ARN dont la transmission zoonotique est entérique, même si le potentiel zoonotique des *Norovirus* et des *Sapovirus*, 2 familles de virus à transmission entérique, est discutée. Les *Norovirus* sont présents chez les bovins, le porc et les murins. Les *Sapovirus* sont présents chez la chauve-souris, le lion de mer, le chien, le porc et le vison (Bank-Wolf et al., 2010).

II.2.2 – Degré d'adaptation zoonotique

La plupart des pathogènes humains trouvent ou trouvèrent leur origine dans le réservoir animal. Entre le stade d'un pathogène uniquement animal (stade 1) et celui uniquement humain (stade 5), les agents zoonotiques peuvent être classés selon 3 catégories (Figure 27) (Wolfe et al., 2007). Le stade 2 correspond à la catégorie d'agents zoonotiques infectant l'homme par contact primaire avec un animal, tels que les virus de la rage, Nipah ou West Nile. Certains pathogènes animaux peuvent aussi entrainer, à la suite d'une infection primaire chez l'homme, un nombre d'infections secondaires limitées entre hommes. Des exemples de virus à ARN correspondant à cette catégorie d'agents de stade 3 seraient les virus Ebola et Marburg. Enfin, le stade 4 de cette adaptation zoonotique correspond à des pathogènes circulant chez l'animal, pouvant se transmettre à l'homme, mais effectuant aussi de longs cycles d'infections inter-humains. Les virus de la Dengue ou de la grippe A appartiendraient à cette catégorie d'agents.

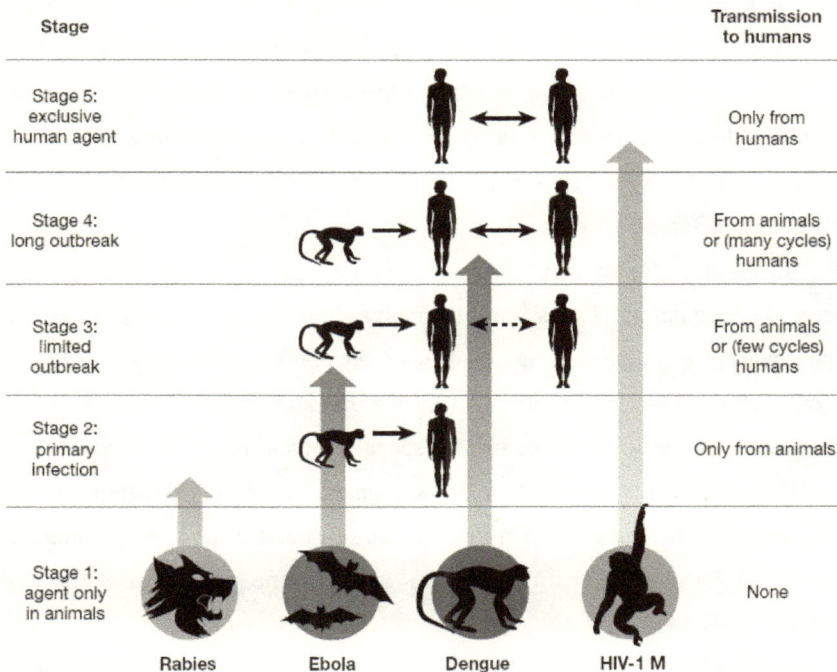

Stage		Transmission to humans

Figure 27 - Degré d'adaptation zoonotique des virus
Illustration des 5 stades par lesquels un pathogène animal évolue pour causer une maladie confinée à l'homme (Wolfe et al., 2007)

II.2.3 – Implications de la variabilité génétique dans la transmission inter-espèce

L'étude d'une nouvelle espèce virale est liée à la connaissance de sa variabilité génétique. Afin de définir cette espèce, différencier 2 souches ou identifier différents génotypes, il est tout d'abord nécessaire d'étudier un grand nombre d'isolats afin d'en découvrir son degré de diversité génétique. Les virus n'ont pas tous le même taux de mutations spontanées et leurs modes de transmission modifient cette variabilité en créant des goulets d'étranglement génétique différents.

La transmission inter-espèce des virus est modérée par la possibilité d'effectuer un cycle de propagation complet du virus chez ses différents hôtes. Des hôtes différents peuvent présenter des mécanismes différents d'infection et constituent donc une barrière à la transmission de l'agent infectieux. On parle donc de barrière d'espèce. La variabilité génétique d'un virus peut permettre son adaptation à différents hôtes.

Le genre *Hantavirus* comprend à ce jour 24 espèces, soit 24 sérotypes/génotypes différents, dont au moins 7 sont associés à des maladies zoonotiques. Ces espèces ont évoluées séparément selon leurs origines géographiques (Nouveau monde vs. Ancien monde) et leurs espèces hôtes. Selon l'ICTV, les variants d'une même espèce devraient présenter moins de 7% de différences en acides aminés sur les segments S et M (Plyusnin, 2002). Typiquement, le niveau de variabilité génétique en nucléotide du virus Puumala est de 0.2–1.2% chez un seul rongeur et 1–2% dans une population de rongeur (Plyusnin et al., 1995).

Une étude a montré, dans 4 cas humains indépendants, l'identité complète des séquences partielles de l'*Hantavirus* Sin Nombre, isolées de patients ayant développés un syndrome pulmonaire, à celles isolés de rongeurs capturés à proximité de l'habitat de ces patients (Hjelle et al., 1996). Il ne semble pas y avoir de goulet d'étranglement génétique modifiant la séquence consensus de l'*Hantavirus* Sin Nombre lors d'un passage inter-espèce.

Par comparaison, il a été retrouvé plus de 2% de différences entre les séquences partielles d'un enfant ayant été infecté par l'*Arenavirus* de la chorioméningite lyphocytaire (LCMV) et celles isolées de 14 rongeurs attrapés près de son domicile (Emonet et al., 2007). Dans ce cas, il se pourrait que la sélection d'une partie de la quasiespèce ait pu être impliquée dans ce passage d'hôte.

II.2.3.1 – Adaptation à différentes espèces hôtes

Le type d'espèce infectée joue un rôle dans la sélection, l'adaptation et la variabilité génétique d'un virus. En effet, plus les hôtes sont distants, plus la barrière d'espèce est grande.

II.2.3.1.1 – Virus vectorisé

L'étude *in vitro* du virus de Chickungunya (ChikV) en culture de cellules de mammifère ou d'insecte a donné des résultats intéressants. Des passages de ChikV sur un seul type cellulaire a mené à l'augmentation de sa réplication, de sa variabilité et son adaptabilité sur ce type cellulaire tout en diminuant sa réplication dans le type cellulaire hétérologue. Le passage en alternance dans les 2 types cellulaires a mené à l'augmentation de sa réplication dans les 2 types cellulaires, mais à une variabilité et une adaptation modérée (Coffey and Vignuzzi, 2011). Ainsi l'alternance d'hôte vertébré/invertébré résulte en une sélection favorisant la compétence de réplication dans les 2 hôtes plutôt qu'une augmentation de la variabilité.

Mais, *in vivo*, l'étude du virus du West Nile passé entre *Culex pipiens* et des poussins a montré au contraire que l'alternance d'hôte serait à l'origine d'une plus grande variabilité génétique que le passage dans une seule espèce (Jerzak et al., 2008), bien que le développement de la variabilité soit en réalité plus faible que ce qui a pu être observé *in vitro*. La réplication des virus *in vivo* est donc soumise à de plus grands goulets d'étranglement génétique et pression de sélection que dans les modèles expérimentaux *in vitro*, du fait d'une propagation dans l'organisme réduite par l'action du système immunitaire de l'hôte.

II.2.3.1.2 – Virus non vectorisé

De même, les contraintes du passage d'hôte *in vivo* entrainent chaque espèce d'*Hantavirus* ou d'*Arenavirus* à avoir un réservoir majeur avec lequel il co-évolue. L'infection par l'*Hantavirus* Sin Nombre, présent chez les rongeurs, ne semble pas nécessiter de modifications génétiques des séquences consensus partielles afin d'infecter l'homme (Hjelle et al., 1996). Pourtant les cas humains sont sporadiques, résultants d'infections primaires sans que des infections secondaires n'aient pu être rapportés. L'homme apparait ainsi comme un hôte accidentel d'un virus dont l'absence de transmissions secondaires humaines pourrait être due à une adaptation génétique incomplète ou à un mode de contamination inter-humaine inadapté.

Malgré les contraintes liées au passage entre différents hôtes *in vivo*, les exemples récents des pandémies de grippe montrent l'adaptation rapide des virus à ARN. Dans ce cas, les phénomènes de réassortiments jouent un rôle particulier dans ces adaptations. Ainsi le réassortiment du segment NS du virus de la grippe aviaire H5N1 avec H7N1 permet au virus réassortant [H7N1 ; NS] d'infecter *in vitro* plusieurs types de cellules humaines et d'infecter des souris sans adaptation préalable (Ma, Brenner, et al., 2010).

II.2.3.2 – Variabilité génétique et pathogénèse

La variabilité génétique des virus zoonotiques à ARN a une implication directe sur la pathogénèse virale à travers des changements virulence, de tropisme cellulaire et de persistance.

II.2.3.2.1 – Effet sur la virulence

La virulence d'un virus est définie par à la sévérité des symptômes qu'il cause lors d'une infection. Elle peut être due entre autre à sa capacité de fixation, de réplication ou de lyse, à l'échappement d'une réponse immunitaire forte ou à un nouveau tropisme.

Un isolat d'un patient ayant développé une fièvre de la Vallée du Rift a montré que la population virale était composée pour moitié de virus comportant une mutation ponctuelle au niveau de la glycoprotéine d'enveloppe. Le nombre et la taille des plages de lyse formées par les 2 variants dans plusieurs types cellulaires étaient comparables. Mais *in vivo*, chez la souris, alors qu'un variant était aussi virulent que l'isolat sauvage, l'autre présentait un titre viral plus faible dans les différents organes et induisait une mortalité plus faible. De plus, l'injection du variant atténué à haute dose résultait, après quelque jours, en un retour vers un phénotype virulent associé à la réversion de la mutation ponctuelle. Le mécanisme de cette différence de virulence semble lié à la capacité de fixation du virus, puisque la mutation résulte, dans le cas du variant atténué, en une augmentation de la capacité de fixation aux cellules cible. Ceci entrainerait une diminution de la virémie et une fixation aux cellules sanguines circulantes permettant une présentation plus rapide au système immunitaire de l'hôte (Morrill et al., 2010).

Tableau 4 - Influence de chaque segment du virus de la grippe A dans la virulence
(Tscherne and García-Sastre, 2011)

Influenza proteins and pathogenicity determinants

Protein	Segment	Function	Pathogenicity determinant	
			High	Low
PB2	1	Polymerase cofactor, binds most mRNA caps	627K[A]	627E[B]
PB2	1	Polymerase cofactor, binds most mRNA caps	701N	701D
PB1	2	Polymerase cofactor, RNA-dependent RNA polymerase	–	–
PB1-F2	2	Proapoptotic	66S	66N
PA	3	Polymerase cofactor endonuclease activity, elongation factor?	–	–
HA	4	Membrane glycoprotein, binding, and fusogenic functions	Multi-basic cleavage site	Single-basic cleavage site
NP	5	Component of RNP, encapsidates vRNA segments	–	–
NA	6	Membrane glycoprotein, sialidase	274Y[C]	274H
M1	7	Lies under the viral envelope	–	–
M2	7	Membrane protein, forms ion channel	–	–
NS1	8	Evasion of host immune response	92E	92D
NS1	8	Evasion of host immune response	C-terminal E-S-E-V motif	C-terminal deletion
NEP	8	Nuclear export of vRNPs	–	–

Mais les facteurs de virulence des virus seraient plutôt polygéniques. Ainsi, des facteurs dans chaque segment du virus de la grippe A serait impliqué dans la virulence (Tableau 4) (Tscherne and García-Sastre, 2011).

Enfin, il existe un seuil de virulence déterminée par la composition de la quasiespèce. Ainsi, pour le virus LCMV, le mélange de clone avirulent avec le clone virulent à plus de 1:1 supprime la virulence de ce dernier (Teng et al., 1996).

II.2.3.2.2 – Effet de la variabilité génétique sur le tropisme cellulaire

La variabilité génétique peut permettre de modifier le tropisme cellulaire intra-hôte. De nombreux exemples montrent que la substitution d'un seul acide aminé entraine des changements drastiques de la pathogénèse virale. Ainsi, une expérience de mutagénèse par irradiation du virus de l'encéphalite japonaise a permis de sélectionner un clone virulent et un clone atténué. Alors que le clone virulent est neuroinvasif chez la souris, le clone atténué a changé de tropisme pour devenir hépatocytaire (Figure 28). Ce changement de tropisme serait causé par une seule mutation dans la protéine d'enveloppe réduisant sa capacité d'adsorption et résultant en une perte de neurovirulence et une réplication résolutive et limitée au foie (Chen et al., 1996). De même, la substitution d'un seul nucléotide dans la séquence codant pour la protéine d'enveloppe du virus de la dengue serait liée à sa neurovirulence. Cette mutation diminuerait la capacité de fixation du virus au cellules neurales (Sánchez and Ruiz, 1996).

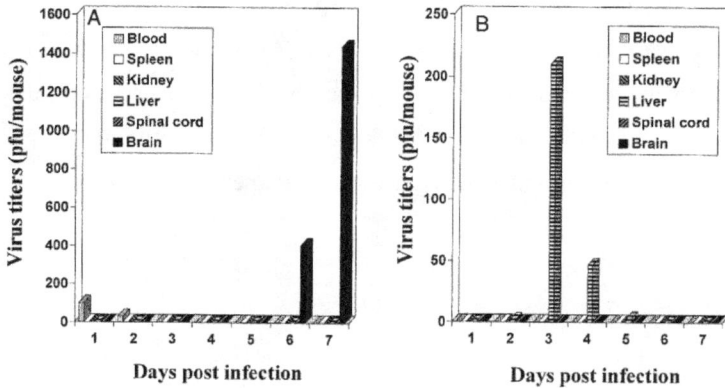

Figure 28 - Influence de la virulence sur le tropisme cellulaire
Titre viral des organes de souris infectés par des clones virulents (A) et atténués (B) du virus de l'encéphalite japonaise. Le tropisme du clone virulent est neuronal, alors que celui du virus atténué est hépatocytaire.

II.2.3.2.3 – Effet de la variabilité génétique sur la persistance virale

Certains virus zoonotiques à ARN ont un potentiel de persistance démontré expérimentalement, comme pour l'EMCV sur culture de cellules humaines *in vitro* (Pardoe et al., 1990; Yeung et al., 1999). Le virus de l'hépatite a été rapporté être responsables de cas d'infections chroniques. Ces cas d'infections chroniques sont dus à la persistance du virus chez certaines personnes immunodéprimées. Une plus grande variabilité génétique du virus associée à une faible concentration en cytokines inflammatoires et de marqueurs solubles d'activation des cellules T, ainsi qu'une forte concentration en chemokines chez l'hôte seraient associée à la persistance du virus (Lhomme et al., 2012).

Ces modifications de la réponse immunitaire pourraient être dû à une régulation différente du traitement immunosuppresseur selon les patients, mais aussi à des caractéristiques virales d'échappement au système immunitaire. Il a été observé que la présence en grand nombre de particules défectueuses permettait la persistance du virus de l'encéphalite japonaise (Tsai et al., 2007). La grande variabilité génétique des virus à ARN est directement liée à la création des particules défectueuses. Ces particules défectueuses pourraient donc jouer un rôle d'inhibiteurs compétitifs de la réponse antivirale et permettre l'échappement des particules infectieuses au système immunitaire.

OBJECTIFS

En France, les premiers cas d'hépatites virales E autochtones ont été décrits dès 1996 (de Lédinghen et al., 1996; Corne et al., 1997). Entre 2003 et 2008, une soixantaine de cas sporadiques ont été documentés dans les régions Midi-Pyrénées et Provence-Alpes-Côtes-d'Azur, Plus de 70% d'entre eux n'ayant jamais voyagé en dehors de Métropole (Renou, Moreau, et al., 2008; Mansuy et al., 2009). Depuis, le Centre National de Référence du VHE dénombre environ 300 cas sporadiques par an, 70% desquels seraient d'origine autochtone. Les cas autochtones touchent majoritairement des hommes de plus de 55 ans. Le nombre de cas d'hépatites virales E est constant ces dernières années, confortant l'hypothèse d'une situation épidémiologique stable. Les séroprévalences anti-VHE sont par contre très élevé, laissant penser que la très grande majorité des cas d'infections au VHE demeure non détectée car asymptomatique ou dont les symptômes sont bénins. La sérologie dépend des régions étudiées. Des enquêtes menées chez les donneurs de sang de la région de parisienne et nantaise ont montré une séroprévalence entre 1% et 3%, séroprévalence égale selon les sexes et qui tend à augmenter avec l'âge (Boutrouille et al., 2007). La prévalence globale chez les donneurs de sang du Sud Ouest de la France est par contre de 52,5% (Mansuy et al., 2011). Le Sud Ouest de la France serait une région hyper-endémique pour le VHE. L'origine et le mode de transmission de ces infections reste tout de même à déterminer. L'origine et le mode de contamination ont-ils une influence sur la symptomatologie de l'infection ? Ont-ils une influence sur l'âge et le sexe des personnes infectée ? Enfin, pourraient-ils expliquer les différences régionales de fréquence des infections ?

Une découverte majeure permettant d'expliquer l'origine des cas d'hépatites virales E dans les pays industrialisés a été l'isolement du VHE chez le porc aux USA. Cette souche virale avait de plus la possibilité d'infecter expérimentalement le primate non-humain. Les porcs étaient aussi sensibles à l'infection par des isolats humains autochtones. De plus, les personnes en contact avec le porcs, tels que les éleveurs, le personnel d'abattoir et les vétérinaires montrent des séroprévalences plus élevées que la population générale suggérant le cas contact direct comme risque d'exposition au VHE. Le VHE porcin aurait donc un potentiel zoonotique. Mais est-ce que les porcs sont infectés en France ? Leur dynamique d'excrétion virale est-elle compatible avec le passage à l'homme ? Sont-ils infectés par les mêmes souches provoquant des cas humains ? Les cas sont-ils causés par contact direct avec les porcs ou existe-t-il d'autres modes de transmission de ces cas autochtones ?

Il a été montré que les porcs en France sont largement contaminés par le VHE. Une étude de prévalence nationale a été menée et a révélé une séroprévalence positive de 65% des élevages et de 31% des porcs. Les foies de porc prélevés à l'abattoir était positif pour de l'ARN viral dans 4% des cas. Des transmissions alimentaires des foies de porc à l'homme pourrait être possible, mais les souches VHE provoquant des infections chez l'homme et le porc en France sont-elles les mêmes ? En effet, les génotypes 1 et 2 ne permettent pas d'infecter expérimentalement le porc, alors que les génotypes 3 et 4 le permettent. Le VHE responsable des cas autochtones humains en France est de génotype 3. Mais il a été observé en Chine Centrale et en Bolivie que les sous-types circulant chez l'homme et le porc sont différents. Une étude des sous-types circulant en France chez l'homme et le porc est donc nécessaire afin d'évaluer cette restriction d'hôte. Mais la variabilité génétique étudiée sur de fragments courts de séquence correspond-elle à la variabilité génétique des génomes complets ? Est-ce qu'il existe des déterminants de barrière d'espèce sur le génome complet ? Une forte proximité génétique correspond-elle réellement à un risque de transmission zoonotique ? Les déterminants d'espèce sont-ils visibles sur le génome consensus ou bien seulement sur la quasiespèce ? Y a t'il une adaptation nécessaire du VHE afin d'effectuer un passage d'hôte ? Tous les sous-types du VHE autochtone représentent-ils un risque zoonotique ? Les sous-types circulant du VHE correspondent-ils à une évolution particulière du VHE par rapport à leurs hôtes ? Enfin les différences génétiques des souches circulantes peuvent-elles être liées à des différences phénotypiques du virus, tel que des modulations de la réplication du génome, de production des protéines virales ou d'interaction avec des facteurs de l'hôte ? Y a-t-il des déterminants de virulence ou bien les symptômes correspondent-ils seulement à des sensibilités différentes des hôtes ?

Les objectifs de cette thèse ont été donc de répondre à un certain nombre de question sur le risque zoonotique du VHE porcin pour l'homme en France par des méthodes génomiques, à travers notamment l'étude d'épidémiologie moléculaire sur les souches isolées chez l'homme et le porc sur l'ensemble du territoire pendant une période donnée, l'évaluation de l'adaptation génétique d'une souche humaine autochtone transmises au porc, la comparaison des génomes de représentants des différents sous-types circulant en France et finalement la mise au point d'outils d'étude *in vitro* de ces sous-types circulant.

RESULTATS

I – Fortes similarités des séquences de VHE isolées chez l'homme et le porc en France entre 2008 et 2009

Les cas autochtones en France sont dus au génotype 3. Ce génotype a aussi été retrouvé chez le porc à travers le monde. L'origine zoonotique des cas autochtones d'hépatite E en France est donc suspectée, mais aucun cas de transmission directe n'a encore été démontré. Une enquête nationale sur la prévalence du VHE dans les élevages porcins a été réalisée au laboratoire. Celle-ci a montré que 65% des élevages français comportaient des animaux séropositifs. Cette séroprévalence est de 31% au niveau individuel et 4% des foies de porc prélevés à l'abattoir étaient positifs pour de l'ARN viral (Rose et al., 2011). Les porcs constituent un réservoir majeur du VHE en France.

Afin de définir la distribution, la fréquence et la diversité génétique du VHE en France chez l'homme et chez le porc, une étude d'épidémiologie moléculaire a été menée. Quarante trois séquences VHE isolées du porc entre mai 2008 et novembre 2009 ont été comparés à 106 séquences isolés de patients ayant développés une hépatite E durant la même période et n'ayant pas voyagé en dehors de France durant les 4 mois précédant leur maladie. Les séquences correspondent à l'amplification d'un fragment de 306 nucléotides de la partie 5' de l'ORF2 selon. Cette région a été montrée comme reflétant le mieux la phylogénie des génomes entiers (Lu et al., 2006).

Afin d'évaluer quelle partie de la population française est à risque de développer une hépatite virale E, les données démographiques des patients ont été étudié. Le profil d'âge et de sexe des patients montrent que 72% étaient des hommes et que la moyenne d'âge est de 55 ans. Leur répartition géographique montre une distribution sur tout le territoire, avec néanmoins un groupe de cas en Provence-Alpes-Côte-D'azur non lié à la densité de population. La répartition des isolats de VHE porcins coïncide avec la densité de leur production ; la Bretagne dénombrant 52% des isolats VHE porcins et comptant pour 54% de la production nationale. Une analyse phylogénétique a été réalisée sur les séquences VHE isolées chez l'homme et le porc. Les résultats montrent un arbre sur lequel les séquences sont réparties de façon homogène, sans cluster spécifique d'espèce hôte. Les séquences de VHE autochtones sont toutes de génotype 3 ; les sous-types 3f, 3c, 3e, ainsi qu'un nouveau sous-type encore indéfini selon la classification de Lu et al (Lu et al., 2006) circulent sur le territoire. Les proportions de chaque sous-type dans les groupes de séquences isolés chez l'homme ou chez le porc sont similaires, démontrant une circulation active du virus entre les 2 hôtes. Les séquences isolées de porcs d'un même élevage présentent des identités supérieures à 99%. Le VHE se présentant sous la forme d'une quasiespèce, il est normal d'observer des identités de cet ordre entre différents individus infecté par la même souche virale. La comparaison de séquences de VHE isolées d'élevages différents a montré plus de 99% d'identités entre 2 paires d'élevages, suggérant des cas probables d'infections par la même souche virale. Dans les 2 cas, ces élevages étaient voisins. De même, 4 groupes de séquences VHE d'origine humaine ont été retrouvées totalement identiques (100%). Ces cas n'avaient pas de lien géographique. Enfin, 2 paires de séquences VHE humaines et porcines présentaient plus de 99% d'identité laissant supposer qu'il s'agit de cas de transmissions zoonotiques directes alors qu'il n'existe pas de liens géographiques entre elles.

De nouveau, cette étude a confirmé le profil épidémiologique particulier du VHE en France comparé aux pays tropicaux et subtropicaux, touchant plutôt les hommes d'environ 50 ans. Les séquences autochtones de cette étude étaient de génotype 3, comme celles précédemment isolées de 42 patients français (Legrand-Abravanel et al., 2009). Les proportions des 4 sous-types retrouvés étaient égales dans les populations humaines et porcines suggérant une circulation active du virus entre les 2 hôtes. Le risque zoonotique est, de plus, confirmé par les identités très élevées des séquences de VHE humaines et porcines, rendant compte d'une possible absence de barrière d'espèces. L'étude de génomes complets devrait confirmer cette hypothèse. Enfin, l'étude de la distribution géographique des séquences de VHE identiques fait apparaitre de grandes distances entre l'isolement des séquences humaines et porcines. La contamination environnementale de l'homme serait limitée. Il semblerait que les personnes vivant dans le Sud de la France sont plus fréquemment exposés au VHE. Ceci serait dû à certaines habitudes alimentaires spécifiques au Sud de la France, comme la consommation de produits à base de foie de porc cru (Colson et al., 2010).

En conclusion, ces résultats d'épidémiologie moléculaire à grande échelle confirment le rôle majeur du porc dans la transmission du VHE à l'homme. Cette étude souligne la nécessité de mettre en place un contrôle, soit au niveau de la production porcine, soit au niveau de la transformation alimentaire, afin de limiter l'exposition humaine au VHE par la consommation de porc.

Close Similarity between Sequences of Hepatitis E Virus Recovered from Humans and Swine, France, 2008–2009

Jérôme Bouquet, Sophie Tessé, Aurélie Lunazzi, Marc Eloit, Nicolas Rose, Elisabeth Nicand, and Nicole Pavio

Medscape ACTIVITY

Medscape, LLC is pleased to provide online continuing medical education (CME) for this journal article, allowing clinicians the opportunity to earn CME credit.

This activity has been planned and implemented in accordance with the Essential Areas and policies of the Accreditation Council for Continuing Medical Education through the joint sponsorship of Medscape, LLC and Emerging Infectious Diseases. Medscape, LLC is accredited by the ACCME to provide continuing medical education for physicians.

Medscape, LLC designates this Journal-based CME activity for a maximum of 1 *AMA PRA Category 1 Credit(s)™*. Physicians should claim only the credit commensurate with the extent of their participation in the activity.

All other clinicians completing this activity will be issued a certificate of participation. To participate in this journal CME activity: (1) review the learning objectives and author disclosures; (2) study the education content; (3) take the post-test with a 70% minimum passing score and complete the evaluation at www.medscape.org/journal/eid; (4) view/print certificate.

Release date: October 21, 2011; Expiration date: October 21, 2012

Learning Objectives

Upon completion of this activity, participants will be able to:

- Describe epidemiologic features of autochthonous hepatitis E virus (HEV) infections based on a French study
- Compare the genetic identity of HEV strains found in humans and swine during an 18-month period in France
- Describe the public health implications of these findings.

Editor
Beverly D. Merritt, Technical Writer/Editor, *Emerging Infectious Diseases. Disclosure: Beverly D. Merritt has disclosed no relevant financial relationships.*

CME Author
Laurie Barclay, MD, freelance writer and reviewer, Medscape, LLC. *Disclosure: Laurie Barclay, MD, has disclosed no relevant financial relationships.*

Authors
*Disclosures: **Jérôme Bouquet**; Sophie Tessé, MD; Aurélie Lunazzi; Nicolas Rose; Elisabeth Nicand, MD; and Nicole Pavio have disclosed no relevant financial relationships. **Marc Eloit** has disclosed the following relevant financial relationships: served as an advisor or consultant for Sanofi-Aventis, GlaxoSmithKline, LEB, Genevrien, Pierre Fabre, Solvat; owns stock, stock options, or bonds from Vivalis; employed by Pathoquest.*

Frequent zoonotic transmission of hepatitis E virus (HEV) has been suspected, but data supporting the animal origin of autochthonous cases are still sparse. We assessed the genetic identity of HEV strains found in humans and swine during an 18-month period in France. HEV sequences identified in patients with autochthonous hepatitis E infection (n = 106) were compared with sequences amplified from swine livers collected in slaughterhouses (n = 43). Phylogenetic analysis showed the same proportions of subtypes 3f (73.8%), 3c (13.4%), and 3e (4.7%) in human and swine populations. Furthermore, similarity of >99% was found between HEV sequences of human and swine origins. These results indicate that consumption of some pork products, such as raw liver, is a major source of exposure for autochthonous HEV infection.

Author affiliations: Anses, Laboratoire de Santé Animale, Maisons-Alfort, France (J. Bouquet, A. Lunazzi, N. Pavio); Hôpital des Armées Val de Grâce, Paris, France (S. Tessé, E. Nicand); Ecole Nationale Vétérinaire d'Alfort, Maisons-Alfort (M. Eloit); and Anses, Laboratoire de Ploufragan-Plouzané, Ploufragan, France (N. Rose)

DOI: http://dx.doi.org/10.3201/eid1711.110616

Hepatitis E virus (HEV) is a causative agent of enterically transmitted acute hepatitis in humans (*1*). It is a major public health issue in developing countries, where it causes large waterborne epidemics (2). In industrialized countries, it is an emerging problem, as an increasing number of sporadic cases for which the origins are still unclear (3) have been reported for patients who have not traveled to HEV-endemic areas.

HEV is a nonenveloped virus with a single-stranded positive RNA genome of 7.2 kb composed of 3 open reading frames (ORFs). HEV is the sole member of the family *Hepeviridae* (4) and has been classified into 4 major genotypes and 24 subtypes. Genotype 1 is divided into 5 subtypes (1a to 1e), genotype 2 into 2 subtypes (2a and 2b), genotype 3 into 10 subtypes (3a to 3j), and genotype 4 into 7 subtypes (4a to 4g) (5). Although genotypes 1 and 2 are endemic to developing countries, genotypes 3 and 4 are the cause of sporadic cases. HEV is the only hepatitis virus that is also found in a wide variety of animals (6). Genotype 3 can infect humans as well as swine, wild boar, deer, and mongoose (7–10). It is generally agreed that swine are widely infected all over the world (6). HEV seroprevalence varies greatly depending on countries; 22.7% to 88.4% of pigs are seropositive at 6 months of age (11,12). Among pigs slaughtered at ≈25 weeks of age, the prevalence of HEV fecal excretion ranges from 4% to 41% (13,14). Viral RNA sequences from pigs and humans can be closely related (15,16), and cross-species infection of genotypes 3 and 4 from human to pig and pig to nonhuman primate has been demonstrated experimentally (17). To date, only 2 cases of zoonotic transmission from consumption of raw or undercooked sika deer and wild boar meat have been clearly identified in Japan with near or 100% homology between the sequences from the patient and the consumed meat (7,8).

A few reports have shown close phylogenetic relationships between sequences identified in swine and in humans. However, these studies were based on limited numbers of sequences with little geographic or temporal data (18–21).

In France, HEV seroprevalence in the human population ranges from 3.2% to 16.6%, depending on the geographic regions studied (22,23). The number of reported viral hepatitis E cases is increasing. Although only 38 cases were reported in 2006, a total of 340 cases were diagnosed in 2010, of which 70% were declared autochthonous with no recent history of patients traveling abroad (French National Reference Laboratory, unpub. data). In the swine reservoir, a recent nationwide survey performed at slaughterhouses showed high prevalence of HEV. HEV seroprevalence in swine ranges from 31% at the individual level to 65% at the farm level. In that study, HEV prevalence in pig liver was estimated at 4%, meaning that HEV-infected pig livers can enter the food chain (24). Moreover, it has been shown that regional products made from raw pig liver may contain

HEV (25). In France, pork is the most widely eaten type of meat (26) and could represent an HEV reservoir with a high risk for zoonotic transmission.

To assess the zoonotic risk for transmission from swine to humans in France, we studied HEV sequences in both hosts. HEV sequences collected from every human autochthonous case of hepatitis E infection and HEV-positive pig livers collected at slaughterhouses, both within 18 months, were analyzed. Epidemiologic and spatial–temporal data corresponding to phylogenetic analyses of partial ORF2 sequences were used to investigate whether swine are a major source of HEV contamination in France.

Materials and Methods

HEV Patients

Persons who had autochthonous hepatitis E virus infection during May 2008–November 2009 and had no travel history outside France were included in the study. RNA was extracted from patient serum or fecal samples by using a MagNA Pure LC RNA Isolation Kit (MagNA Pure LC Instrument; Roche Diagnostics, Basel, Switzerland) according to the manufacturer's instructions. HEV RNA was amplified by using a nested reverse transcription PCR for the ORF2 gene as described (27). Sequencing was performed on amplified strands with an automated DNA sequencer (CEQ8000; Beckman-Coulter Inc., Fullerton, CA, USA). Patients' demographic and epidemiologic features were collected anonymously from a questionnaire on age, sex, recent travel (within the past 4 months), and medical history.

Swine Sample Collection

As part of a national survey on the prevalence of swine infected with HEV, 3,715 liver samples were collected at slaughterhouses from May 2008 through November 2009. Pig farms were selected through random sampling from 35 slaughterhouses accounting for 95% of the national pig production. Herds were selected randomly from a database table indicating dates and times of slaughter regardless of the herd size, leading to a random distribution of small and large types of farms (24). Thirty milligrams of liver was excised with sterile surgical blades. Tissues were disrupted in bead-milling tubes (FastPrep 24; MP Biomedicals, Illkrish, France). RNA was extracted by using the RNeasy Viral RNA extraction kit (QIAGEN, Courtaboeuf, France) according to the manufacturer's instructions.

HEV RNA was detected by nested reverse transcription PCR with the same primers used for human HEV amplification (27). Positive samples were sequenced by the Sanger method (Cogenics, Grenoble, France or Eurofins MWG Operon, Ebersberg, Germany).

Phylogenetic Analysis

We deposited 106 HEV sequences from human patients (1 sequence/patient) in GenBank under accession nos. JF730329–JF730434 and 43 HEV sequences from swine livers (1 sequence/farm) under accession nos. JF718787–JF718829. Human and swine HEV RNA sequences of 204 to 306 nt were analyzed by using MEGA4 (28), with a set of sequences available from GenBank (online Appendix Table, wwwnc.cdc.gov/EID/article/17/11/11-0616-TA1. htm), to determine genotypes and subtypes as described by Lu et al. (5). Alignment was performed by using ClustalW (MEGA4, www.megasoftware.net). Phylogenetic trees were built by using the neighbor-joining method with a bootstrap of 1,000 replicates.

Statistical Analyses

Statistical analyses were performed by using a χ^2 distribution with 1 df and the Fisher exact probability test to compare proportions between the 2 groups. Differences were considered to be statistically significant when p<0.05.

Results

Epidemiologic Data

During May 2008–November 2009, hepatitis E was diagnosed for 305 patients in France. Only the 106 patients who had answered and returned the questionnaire and who had no recent history of traveling abroad were included in the study.

Of the 106 patients with HEV viremia, information on sex and age was available for 103 patients, of whom 72% were men; the mean age was 55 years (Figure 1). The 40–69-year age group had a significantly predominant number of male patients (81%). All patients had acute resolving hepatitis E, except for 1 in whom chronic hepatitis E developed after a liver transplant.

Geographic Distribution of Human Cases and HEV-positive Swine Herds

Geographic data on place of residence were available for 100 patients. Most human HEV cases were diagnosed in southern France (67%), especially in the southeastern region, Provence-Alpes-Côte-d'Azur, which accounted for 30% of the cases (Figure 2) and contains 7.6% of the national population. In northern France, where 33% of the cases were observed, a high density of HEV cases (11%) were clustered in the Paris region (Figure 2). The Paris area, Ile-de-France, is the most populated region and contains 18% of the total population (29). In contrast, most of the HEV-positive swine herds were found in northern France (77%), particularly in the western region, Brittany, which is the largest swine-producing region, accounting for 52% of national production (Figure 2).

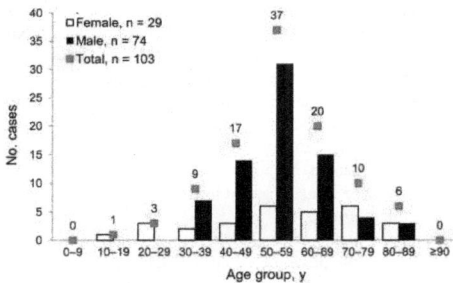

Figure 1. Distribution of age and gender for 103 hepatitis E virus (HEV) viremic patients, France, May 2008–November 2009.

Fewer positive swine samples were found in southern France (23%), where there is a lower density of pig herds than in Brittany (24).

Human and Swine HEV Sequences

To characterize HEV circulating in humans and swine from May 2008 through November 2009, we subjected partial ORF2 HEV sequences, amplified for both populations, to phylogenetic analysis. This ORF2 genomic region seems to match the classification of full-

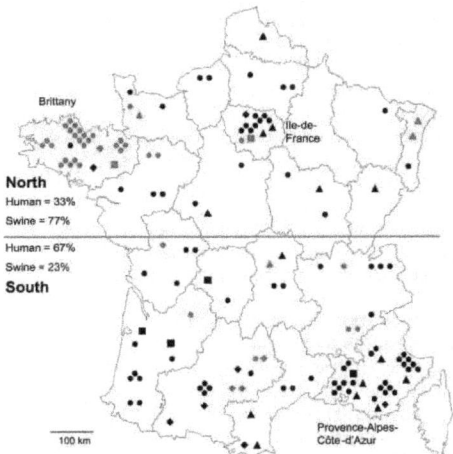

Figure 2. Geographic distribution of hepatitis E virus (HEV) subtypes recovered from humans (n = 100) and swine (n = 43), France, May 2008–November 2009. Black, human HEVs; red, swine HEVs; triangles, subtype 3c; squares, subtype 3e; dots, subtype 3f; diamonds, strains of undefined subtype. Regions with a high density of HEV are named.

length HEV sequences according to Lu et al. (5) and gives similar phylogenetic topologies to the ORF1 region RdRp (30). For each human case, a single HEV sequence was retrieved (n = 106). One HEV RNA sequence from each positive farm was included when the same sequence was recovered from several pig livers from the same farm (n = 43). To define genotypes and subtypes, we added 22 reference sequences of human and swine origins to the analysis (online Appendix Table). Genotype 4 HEV was used as the outgroup.

Human and swine strains were scattered homogeneously on the phylogenetic tree (Figure 3); no specific cluster in relation to the host was considered. All sequences belonged to genotype 3 and more specifically to subtypes 3f, 3c, and 3e. There was some difficulty in identifying a specific subtype to a cluster of 12 sequences, 8 from humans and 4 from swine. These sequences were close to 7 subtypes (3a, 3b, 3c, 3d, 3h, 3i, and 3j) but shared <90% homology with any of them (5). The term undefined subtype was given to this cluster (Figure 3).

Subtype Proportions and Distribution

A comparison of subtype proportions in swine and human populations did not reveal any significant differences (p>0.05) (Table 1). Subtype 3f was the largest cluster, accounting for 73.8% of the strains sequenced (72.6% in humans and 76.7% in swine). Subtype 3c was the second largest group, accounting for 13.4% of HEV strains (15.1% in humans and 9.3% in swine). The set of sequences of undefined subtype accounted for 8.1% of the total strains and was also homogeneously represented (no statistical difference in proportion) between human (7.6%) and swine strains (9.3%). Finally, the proportion of subtype 3e was smallest, 4.7% in the swine and the human groups.

Geographic distribution of subtypes showed that 3f was found all over the territory; 3c seemed to be missing in Brittany, where the largest number of samples was collected (1,760 livers). Most sequences of the undefined subtype originated from southern France (Figure 2).

Nucleotide Variations among Human and Swine HEV Sequences

To investigate whether some nucleotide positions would be host strain specific, a p-value was calculated for each nucleotide position. No significant difference (p<0.05) between human and swine HEV was obtained for the short nucleotide sequence studied (data not shown). The same observation was made at the amino acid level, where there was no significant difference at any position between human and swine HEV (data not shown).

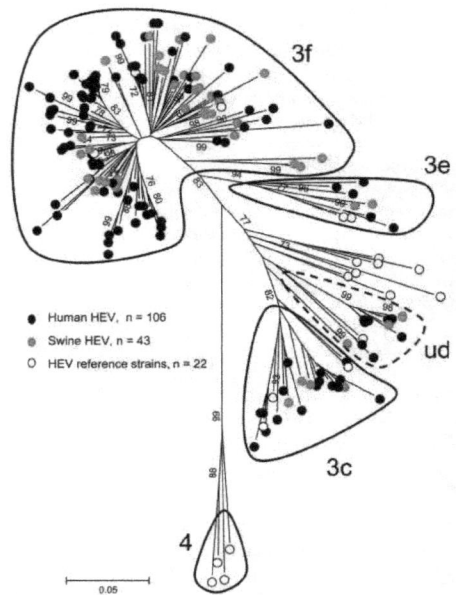

Figure 3. Phylogenetic tree of hepatitis E virus (HEV) detected in human and swine constructed by the neighbor-joining method with a bootstrap of 1,000 replicates based on the ClustalW alignment (MEGA4, www.megasoftware.net) of 204- to 306-nt sequences within open reading frame 2. The 106 HEV sequences recovered from patients from France are displayed as black dots (GenBank accession nos. JF730329–JF730434), the 43 HEV sequences recovered from swine from France are displayed as red dots (accession nos. JF718787–JF718829), and the 22 reference strains from GenBank are displayed as white dots (GenBank accession nos. in online Appendix Table, wwwnc.cdc.gov/EID/article/17/11/11-0616-TA1.). Genotype 4, subtypes 3f, 3c, and 3e, as defined by Lu et al. (8), are encircled by a solid black line; undefined subtype is encircled by a dashed black line. Bootstrap values >70% are indicated on respective branches. Scale bar represents nucleotide substitutions per site.

HEV Sequence Similarities

Human Sequence Similarities

The 106 sequences recovered from human patients were compared with each other at the nucleotide level. The percentage of nucleotide sequence identities ranged from 67.8% to 100% (Table 2). Four groups of 2–3 patients had 100% nt similarity. These sequences were detected in patients living in different regions, at intervals ranging from 6 days to 6 months (Figure 4).

RESEARCH

Table 1. Proportions of subtypes of HEV strains identified in 106 humans and 43 swine, France, May 2008–November 2009*

Sequences	No. (%) isolates				
	Subtype 3c	Subtype 3e	Subtype 3f	Undefined subtype	Total no.
Human HEV	16 (15.1)	5 (4.7)	77 (72.6)	8 (7.6)	106
Swine HEV	4 (9.3)	2 (4.7)	33 (76.7)	4 (9.3)	43
Total HEV	20 (13.4)	7 (4.7)	110 (73.8)	12 (8.1)	149
*HEV, hepatitis E virus.					

Swine Sequence Similarities

First, to evaluate HEV within-farm homology, we compared 10 sequences recovered on the same day from 10 animals from the same farm. Similarities of 99% to 100% were found (Table 2). The 43 sequences recovered from independent farms all over France were then compared with each other. Similarities ranged from 71.7% to 99.3% (Table 2). Three pairs of sequences were found with similarities of >99% (Figure 4). These pairs of sequences originated from neighboring farms (Figure 4). Two pairs of sequences were sampled on the same day (August 30, 2008 or November 18, 2009), and the third pair was sampled at a 6-month interval (June 10, 2008, and November 24, 2008).

Similarities between Human and Swine Sequences

Similarities ranged from 68.4% to 99.3% (Table 2). These minimum and maximum similarities do not significantly differ from those found in each separate population (p<0.05).

Two pairs of sequences were found to have >99% similarity. In both cases, human and animal HEV sequences were identified in different geographic regions at intervals of 5 months (human, August 3, 2008; and swine, April 9, 2008) to 1 year (human, May 22, 2009; and swine, May 27, 2008). In both cases, swine sequences were sampled first, before the onset of the disease in the patient.

Discussion

Although zoonotic transmission of hepatitis E virus from swine to human has been well accepted, little data are available on HEV sequences circulating in human and swine populations within a country during a restricted period. We investigated a large number of HEV sequences, collected from 106 patients and 43 swine over an 18-month period. The patients were mostly male (72%)

Table 2. Percentage nucleotide similarities of 204 to 306 HEV nucleotide sequences from 106 humans and 43 swine, France, May 2008–November 2009*

Sequences	Minimum	Average	Median	Maximum
Human HEV	67.8	85.2	87.7	100
Swine HEV				
Same farm	99.0	99.7	99.7	100
Different farms	71.7	86.1	88.2	99.6
Human and swine HEV	68.4	85.4	87.6	99.3
*HEV, hepatitis E virus.				

and >55 years of age. This finding is in agreement with a previous report on acute HEV infection in France, which found that men accounted for 68% (36/53) of the cases (31). The situation in industrialized countries contrasts with that in regions where attack rates for waterborne outbreaks of HEV genotype 1 are higher among young adults (15–40 years of age) (1). This observation suggests that the 2 epidemiologic profiles may involve different contamination routes. There are differences in hygiene and meat consumption habits in these regions. Moreover, no animal reservoirs have been yet described for the genotypes involved in waterborne outbreaks (genotypes 1 or 2) (6), suggesting that zoonotic transmission might be limited in any HEV-endemic areas.

All 149 HEV sequences belonged to genotype 3 and were divided into at least 3 subtypes according to the classification elaborated by Lu et al. (5). Sequences sharing a minimum of 90% similarity were considered as belonging to the same subtype. Among these sequences, 137 belonged to subtypes 3f, 3c, and 3e. For 12 sequences, 8 human HEV and 4 swine HEV, there was some classification uncertainty because they were close to 7 different subtypes but shared <90% homology. The difficulty in classifying this undefined subtype might be because of partial sequencing of the strains identified, although Lu et al. showed that the 5' end of the ORF2 region matches the complete genomic sequence for HEV classification better than other regions of the HEV genome (5). Using the nucleotide BLAST database (http://blast.ncbi.nlm.nih.gov/Blast), sequences from this undefined subtype are close but share <90% homology to 3a and 3c sequences detected in the Netherlands or 3h and 3i sequences detected in Germany. This undefined subtype also clusters on its own (>90% homology) and could be a new subtype that is specific to France. Comparison of autochthonous HEV from France with HEV from neighboring countries shows that the same main subtypes are found: 3f is found all over Europe; 3c in the Netherlands, Italy, and Hungary; and 3e in the UK, the Netherlands, Germany, and Hungary (15,18,32–35). This finding suggests that some subtypes may have emerged and evolved locally through animal trading.

The proportion of each subtype in both species was then estimated, and the proportions of subtypes 3f, 3c, and 3e were found to be almost the same. Such a similar distribution of subtypes suggests an active circulation of the virus between the 2 host species in France. In the Netherlands, proportions of subtypes in human compared with animals or environmental strains were found to differ markedly, 6% versus 43% for 3f and 75% versus 35% for 3c (*18*), suggesting a limited number of contamination events through these 2 possible contamination pathways in this country.

Although HEV is widely distributed across France, some geographic regions showed higher rates of infection in humans. Most (67%) cases of autochthonous hepatitis E were found in southern France and particularly in the Provence-Alpes-Côte-d'Azur region (30%). These results are consistent with HEV seroprevalence in blood donors being higher in southern (16.6%) than in northern France (3.2%) (*22,23*). Furthermore, this observation correlates with results of a previous national survey in France showing an increasing north-to-south gradient of acute hepatitis E (*31*). In contrast, in the animal reservoir, most HEV sequences were detected in the main pig-producing area located in northwestern France. Nevertheless, the low number (only 2) of human cases observed in this region with a high density of pig farms suggests that the number of contamination events through the environmental pathway is limited. In the Ile de France region (Paris area), a high number (11%) of cases of hepatitis E was also reported. This finding could be partially explained by the high population density (18%) in this area; a few cases were reported after traveling and eating uncooked pork products in southern France.

To further analyze sequence similarities between human and swine HEV strains, we determined the similarities in nucleotides between human and swine sequences. HEV has a high mutation rate because of its error-prone RNA-dependent RNA polymerase and is probably present as a quasispecies in an infected host (*36*). Thus, low (<1%) variability in nucleotides may correspond to a unique strain. Analyzing human HEV sequences, 100% nt similarity was found in 4 groups of 2–3 patients. These patients were not related, but they may have been exposed to an unknown common source of contamination.

Swine sequences amplified from livers of animals within the same herd were found to be homogeneous, with a maximum difference of 3 nt along the 306 nt sequenced. Except for 3 groups of 2 herds, all the sequences were different (<99%). These 3 groups included herds that were sampled at the same time or 5 months apart and that were geographically close (a few kilometers). This high similarity of partial sequences might be explained by a possible exchange of animals between nearby herds, which is a common practice. However, it cannot be excluded that movements of farm workers and veterinarians or spreading of infected slurry might contribute to HEV transmission between herds. Swine HEV infection spreads easily within

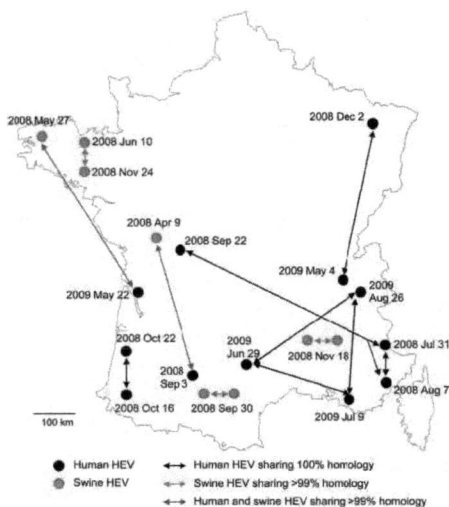

Figure 4. Geographic distribution and sampling date of human and swine hepatitis E virus (HEV) sequences sharing >99% identities, France, May 2008–November 2009.

a herd through the fecal–oral route (*37*). This geographic clustering of HEV strains detected in animals was also observed in Sweden (*19*).

Because animals from the same herd can have a difference of 3 nt over the same amplified sequence, human and porcine HEV sequences with >99% similarities may be considered as coming from related strains. A comparison of human and swine sequences showed that 2 pairs of sequences were similar (99.3%). In both cases, swine and human sequences were detected in different geographic areas. The swine sequences were identified first and later in humans. Pork meat is the most widely eaten meat in France (34.7 kg/inhabitant/year), and it is distributed and consumed throughout France (*26*). In our study, HEV sequences were amplified from liver, but other meat might be a vector for HEV infection because it has been shown that other organs such as muscles can be HEV positive (*38*). Considering the geographic distances and the detection of these HEV sequences in animals first, it seems reasonable to assume that foodborne infection may play a major role in autochthonous cases of hepatitis E. The high similarity observed suggests that these 2 cases could be the result of zoonotic transmission. Furthermore, because since these sequences are not geographically linked, contamination through environmental exposure can be ruled out.

In addition to the high degree of similarity observed between human and swine sequences and the identical proportion of each subtype in both hosts, no specific nucleotide substitutions have been identified when sequences from different host species were compared. These results are in line with the possible absence of a species barrier for HEV strains of genotype 3. However, before concluding that there are no host restriction determinants, further analysis of longer sequences is required.

This unique large-scale study on human and swine sequences with spatial–temporal data suggests that zoonotic transmission of HEV is involved in autochthonous cases. The swine reservoir is widely infected with HEV, and infected livers enter the food chain. Living in southern France seems to be associated with more frequent exposure to HEV (67% of cases). This observation might be linked to cultural food habits specific to southern France and frequent consumption of products made from raw swine liver (25).

Slurry from swine is often spread onto local fields, but there are few (only 2) cases reported in Brittany compared with other regions. The spread of HEV into the environment may not have major consequences but cannot be ignored. Contact with animals; consumption of contaminated water, vegetables, or shellfish; or unknown routes of transmission need to be investigated. In conclusion, taken together, these results confirm the major role played by the swine reservoir of HEV in autochthonous cases of hepatitis E. This study underlines the need for a surveillance and control plan, either at the level of pig production or at the level of food processing, to limit human exposure to HEV through consumption of pork products.

This study was supported by the Agence Nationale de la Recherche, France (grant ANR-07-PNRA-008_HEVZOONEPI). J.B. was supported by a PhD grant from Anses, and A.L. was supported by Agence Nationale de la Recherche, France (grant ANR-07-PNRA-008_HEVZOONEPI).

Mr Bouquet is a PhD student working at the French Agency for Food, Environmental and Occupational Health and Safety. His research focuses on the molecular biology, genetics, and epidemiology of hepatitis E virus in human and animals and the risk for zoonotic transmission.

References

1. Panda SK, Thakral D, Rehman S. Hepatitis E virus. Rev Med Virol. 2007;17:151–80. doi:10.1002/rmv.522
2. Purcell RH, Emerson SU. Hepatitis E: an emerging awareness of an old disease. J Hepatol. 2008;48:494–503. doi:10.1016/j.jhep.2007.12.008
3. Dalton HR, Bendall R, Ijaz S, Banks M. Hepatitis E: an emerging infection in developed countries. Lancet Infect Dis. 2008;8:698–709. doi:10.1016/S1473-3099(08)70255-X
4. Emerson SU, Anderson D, Arankalle A, Meng XJ, Purdy M, Schlauder GG, et al. Virus taxonomy VIIIth report of the ICTV. Hepevirus; 2004; 851–3.
5. Lu L, Li C, Hagedorn CH. Phylogenetic analysis of global hepatitis E virus sequences: genetic diversity, subtypes and zoonosis. Rev Med Virol. 2006;16:5–36. doi:10.1002/rmv.482
6. Pavio N, Meng X, Renou C. Zoonotic hepatitis E: animal reservoirs and emerging risks. Vet Res. 2010;41:46. doi:10.1051/vetres/2010018
7. Li TC, Chijiwa K, Sera N, Ishibashi T, Etoh Y, Shinohara Y, et al. Hepatitis E virus transmission from wild boar meat. Emerg Infect Dis. 2005;11:1958–60.
8. Tei S, Kitajima N, Takahashi K, Mishiro S. Zoonotic transmission of hepatitis E virus from deer to human beings. Lancet. 2003;362:371–3. doi:10.1016/S0140-6736(03)14025-1
9. Meng XJ, Purcell RH, Halbur PG, Lehman JR, Webb DM, Tsareva TS, et al. A novel virus in swine is closely related to the human hepatitis E virus. Proc Natl Acad Sci U S A. 1997;94:9860–5. doi:10.1073/pnas.94.18.9860
10. Nakamura M, Takahashi K, Taira K, Taira M, Ohno A, Sakugawa H, et al. Hepatitis E virus infection in wild mongooses of Okinawa, Japan: demonstration of anti-HEV antibodies and a full-genome nucleotide sequence. Hepatol Res. 2006;34:137–40. doi:10.1016/j.hepres.2005.10.010
11. Munné MS, Vladimirsky S, Otegui L, Castro R, Brajterman L, Soto S, et al. Identification of the first strain of swine hepatitis E virus in South America and prevalence of anti-HEV antibodies in swine in Argentina. J Med Virol. 2006;78:1579–83. doi:10.1002/jmv.20741
12. dos Santos DRL, Vitral CL, de Paula VS, Marchevsky RS, Lopes JF, Gaspar AMC, et al. Serological and molecular evidence of hepatitis E virus in swine in Brazil. Vet J. 2009;182:474–80. doi:10.1016/j.tvjl.2008.08.001
13. Leblanc D, Ward P, Gagné M, Poitras E, Müller P, Trottier Y, et al. Presence of hepatitis E virus in a naturally infected swine herd from nursery to slaughter. Int J Food Microbiol. 2007;117:160–6. doi:10.1016/j.ijfoodmicro.2007.03.008
14. McCreary C, Martelli F, Grierson S, Ostanello F, Nevel A, Banks M. Excretion of hepatitis E virus by pigs of different ages and its presence in slurry stores in the United Kingdom. Vet Rec. 2008;163:261–5. doi:10.1136/vr.163.9.261
15. Banks M, Bendall R, Grierson S, Heath G, Mitchell J, Dalton H. Human and porcine hepatitis E virus strains, United Kingdom. Emerg Infect Dis. 2004;10:953–5.
16. van der Poel WH, Verschoor F, van der Heide R, Herrera MI, Vivo A, Kooreman M, et al. Hepatitis E virus sequences in swine related to sequences in humans, the Netherlands. Emerg Infect Dis. 2001;7:970–6. doi:10.3201/eid0706.010608
17. Meng XJ, Halbur PG, Shapiro MS, Govindarajan S, Bruna JD, Mushahwar IK, et al. Genetic and experimental evidence for cross-species infection by swine hepatitis E virus. J Virol. 1998;72:9714–21.
18. Rutjes SA, Lodder WJ, Lodder-Verschoor F, van den Berg HHJL, Vennema H, Duizer E, et al. Sources of hepatitis E virus genotype 3 in the Netherlands. Emerg Infect Dis. 2009;15:381–7. doi:10.3201/eid1503.071472
19. Widén F, Sundqvist L, Matyi-Toth A, Metreveli G, Belák S, Hallgren G, et al. Molecular epidemiology of hepatitis E virus in humans, pigs and wild boars in Sweden. Epidemiol Infect. 2011;139:361–71. doi:10.1017/S0950268810001342
20. Reuter G, Fodor D, Forgách P, Kátai A, Szucs G. Characterization and zoonotic potential of endemic hepatitis E virus (HEV) strains in humans and animals in Hungary. J Clin Virol. 2009;44:277–81. doi:10.1016/j.jcv.2009.01.008

21. Zhang W, Yang S, Ren L, Shen Q, Cui L, Fan K, et al. Hepatitis E virus infection in central China reveals no evidence of cross-species transmission between human and swine in this area. PLoS ONE. 2009;4:e8156. doi:10.1371/journal.pone.0008156

22. Boutrouille A, Bakkali-Kassimi L, Crucière C, Pavio N. Prevalence of anti-hepatitis E virus antibodies in French blood donors. J Clin Microbiol. 2007;45:2009–10. doi:10.1128/JCM.00235-07

23. Mansuy JM, Legrand-Abravanel F, Calot JP, Peron JM, Alric L, Agudo S, et al. High prevalence of anti-hepatitis E virus antibodies in blood donors from South West France. J Med Virol. 2008;80:289–93. doi:10.1002/jmv.21056

24. Rose N, Lunazzi A, Dorenlor V, Merbah T, Eono F, Eloit M, et al. High prevalence of hepatitis E virus in French domestic pigs. Comp Immunol Microbiol Infect Dis. 2001;34:419–27. doi:10.1016/j.cimid.2011.07.003

25. Colson P, Borentain P, Queyriaux B, Kaba M, Moal V, Gallian P, et al. Pig liver sausage as a source of hepatitis E virus transmission to humans. J Infect Dis. 2010;202:825–34. doi:10.1086/655898

26. Ministére de l'Agriculture et de la Péche. Consommation de viande en France. AGRESTE. 2008. 2008/n°29 [cited 2008 Jun]. http://www.agreste.agriculture.gouv.fr/IMG/pdf/syntheseviande0806.pdf

27. Cooper K, Huang FF, Batista L, Rayo CD, Bezanilla JC, Toth TE, et al. Identification of genotype 3 hepatitis E virus (HEV) in serum and fecal samples from pigs in Thailand and Mexico, where genotype 1 and 2 HEV strains are prevalent in the respective human populations. J Clin Microbiol. 2005;43:1684–8. doi:10.1128/JCM.43.4.1684-1688.2005

28. Tamura K, Dudley J, Nei M, Kumar S. MEGA4: Molecular Evolutionary Genetics Analysis (MEGA) software version 4.0. Mol Biol Evol. 2007;24:1596–9. doi:10.1093/molbev/msm092

29. French Ministry of the Economy, Finance and Industry. Decree no. 2009-1707 of 30 December 2009. Paris: Official Journal of the French Republic, Direction de l'information légale et administrative; 2010.

30. Legrand-Abravanel F, Mansuy J, Dubois M, Kamar N, Peron J, Rostaing L, et al. Hepatitis E virus genotype 3 diversity, France. Emerg Infect Dis. 2009;15:110–4. doi:10.3201/eid1501.080296

31. Renou C, Moreau X, Pariente A, Cadranel J, Maringe E, Morin T, et al. A national survey of acute hepatitis E in France. Aliment Pharmacol Ther. 2008;27:1086–93. doi:10.1111/j.1365-2036.2008.03679.x

32. Peralta B, Mateu E, Casas M, de Deus N, Martin M, Pina S. Genetic characterization of the complete coding regions of genotype 3 hepatitis E virus isolated from Spanish swine herds. Virus Res. 2009;139:111–6. doi:10.1016/j.virusres.2008.09.008

33. Adlhoch C, Wolf A, Meisel H, Kaiser M, Ellerbrok H, Pauli G. High HEV presence in four different wild boar populations in East and West Germany. Vet Microbiol. 2009;139:270–8. doi:10.1016/j.vetmic.2009.06.032

34. Di Bartolo I, Ponterio E, Castellini L, Ostanello F, Ruggeri FM. Viral and antibody HEV prevalence in swine at slaughterhouse in Italy. Vet Microbiol. 2011;149:330–8. doi:10.1016/j.vetmic.2010.12.007

35. Forgách P, Nowotny N, Erdélyi K, Boncz A, Zentai J, Szucs G, et al. Detection of hepatitis E virus in samples of animal origin collected in Hungary. Vet Microbiol. 2010;143:106–16. doi:10.1016/j.vetmic.2009.11.004

36. Grandadam M, Tebbal S, Caron M, Siriwardana M, Larouze B, Koeck JL, et al. Evidence for hepatitis E virus quasispecies. J Gen Virol. 2004;85:3189–94. doi:10.1099/vir.0.80248-0

37. de Deus N, Casas M, Peralta B, Nofrarias M, Pina S, Martin M, et al. Hepatitis E virus infection dynamics and organic distribution in naturally infected pigs in a farrow-to-finish farm. Vet Microbiol. 2008;132:19–28. doi:10.1016/j.vetmic.2008.04.036

38. Bouwknegt M, Rutjes SA, Reusken CB, Stockhofe-Zurwieden N, Frankena K, de Jong MCM, et al. The course of hepatitis E virus infection in pigs after contact-infection and intravenous inoculation. BMC Vet Res. 2009;5:7. doi:10.1186/1746-6148-5-7

Address for correspondence: Nicole Pavio, UMR 1161 Virologie ENVA, INRA, Anses, Laboratoire de Santé Animale, 23 Ave du Général De Gaulle, 94706 Maisons-Alfort, France; email: npavio@vet-alfort.fr

II – Séquences consensus identiques et polymorphisme génomique conservé lors d'une transmission inter-espèces contrôlée du virus de l'hépatite E

La présente étude a été menée afin d'évaluer les modifications génomiques du VHE suite à un changement d'hôte. En effet, la comparaison de séquences partielles de génotype 3 isolés chez l'homme et le porc, et les infections croisées porc-primate par les génotypes 3 et 4 suggèrent une absence de barrière d'espèce (Meng, Halbur, Shapiro, et al., 1998; Arankalle et al., 2006). De plus, le degré de variabilité génétique du génome consensus et de la quasiespèce du VHE de génotype 3 lors d'une transmission inter-espèce n'a pas été exploré.

Un échantillon provenant d'un patient ayant développé une hépatite E autochtone de génotype 3 a été inoculé à 2 porcs par voie orale. L'infection expérimentale par voie orale a été suivie par RT-PCRq et un pic d'excrétion fécale du VHE chez les porcs a été observé à 15 jours post-infection. Trois échantillons concentrés en virus ont été choisis pour une étude de séquençage haut-débit : l'échantillon humain, un échantillon de fèces de porc et un échantillon de bile de porc. Le séquençage haut-débit a été réalisé sans *a priori* et a donné environ 25×10^6 séquences d'environ 80 nucléotides. Entre 4×10^3 et 3×10^6 séquences ont permis d'assembler un génome consensus VHE pour les 3 échantillons. Les génomes consensus obtenus présentent 100% d'identité montrant une parfaite adaptation de la population majoritaire du VHE de génotype 3 aux deux espèces hôtes. Le nombre d'erreurs dues à la technique de séquençage haut-débit a été évalué à partir des gènes conservés des hôtes se trouvant dans les échantillons afin de valider les sites polymorphiques du VHE. Un nombre variable de sites polymorphiques validés – de 42 à 614 – a été trouvé selon l'échantillon considéré ; ces variations étant liées à la profondeur de séquençage de chaque échantillon. Jusqu'à 20,7% de la population virale comportent des mutations menant à un codon stop ou une proline, mutations généralement délétères. Il existe ainsi une pression de sélection négative le long du génome purifiant la majorité des mutations aléatoires de la population virale. En revanche, 12 sites polymorphiques sont conservés dans les 3 échantillons au cours de la transmission inter-espèces. Enfin, la diversité nucléotidique a pu être calculée pour le VHE de génotype 3 et comparé aux autres virus à ARN. La diversité nucléotidique du VHE est de l'ordre de 0,028% à 0,07%. Ces valeurs correspondent à la gamme inférieure des virus uniquement humain, comme le VIH, dont la gamme va de 0,04% à 2,5% et est supérieure aux virus zoonotiques vectorisés, comme le Virus du West Nile, dont la gamme va de 0,021% à 0,034% selon l'espèce infectée.

En conclusion, les résultats ont montré que la voie d'inoculation orale, voie d'infection naturelle, s'est montré efficace dans la transmission du VHE de génotype 3 de l'homme au porc. Etonnamment, il n'y a pas eu de modifications du génome consensus du VHE lors du passage d'hôte et 30% des sites polymorphiques du VHE humain se sont retrouvés dans la population virale chez le porc. La transmission du VHE de génotype 3 ne semble donc pas soumise à une restriction d'hôte entre le porc et l'homme, soulignant la compétence des souches virales circulant sur le territoire et le risque zoonotique associé.

JVI

Journals.ASM.org

Identical Consensus Sequence and Conserved Genomic Polymorphism of Hepatitis E Virus during Controlled Interspecies Transmission

Jerome Bouquet,[a,b,c] Justine Cheval,[d] Sophie Rogée,[a,b,c] Nicole Pavio,[a,b,c] and Marc Eloit[a,b,c,d,e]

UMR 1161 Virology, ANSES, Laboratoire de Santé Animale, Maisons-Alfort, France[a]; UMR 1161 Virology, INRA, Maisons-Alfort, France[b]; UMR 1161 Virology, Ecole Nationale Vétérinaire d'Alfort, Maisons-Alfort, France[c]; Pathoquest, Paris, France[d]; and Department of Virology, Institut Pasteur, Paris, France[e]

High-throughput sequencing of bile and feces from two pigs experimentally infected with human hepatitis E virus (HEV) of genotype 3f revealed the same full-length consensus sequence as in the human sample. Twenty-nine percent of polymorphic sites found in HEV from the human sample were conserved throughout the infection of the heterologous host. The interspecies transmission of HEV quasispecies is the result of a genomic negative-selection pressure on random mutations which can be deleterious to the viral population. HEV intrahost nucleotide diversity was found to be in the lower range of other human RNA viruses but correlated with values found for zoonotic viruses. HEV transmission between humans and pigs does not seem to be modulated by host-specific mutations, suggesting that adaptation is mainly regulated by ecological drivers.

Hepatitis E virus (HEV) is a causative agent of acute hepatitis in humans. The disease is usually self-limited but is a major public health concern both in developing countries, where it causes large waterborne epidemics, and in industrialized countries, where sporadic autochthonous cases of unclear origin are reported. It is the only hepatitis virus that infects animals other than primates, such as swine, wild boars, and deer (28). Direct zoonotic transmissions through consumption of contaminated food were observed in a few cases in a region where HEV is not endemic (20, 38).

HEV is a positive single-stranded RNA virus. It is the sole member of the *Hepeviridae* family and the *Hepevirus* genus (25). HEV isolates have been divided into at least four genotypes, two putative genotypes, and 24 subtypes (12, 16, 22, 25). Genotype 1 and 2 are present in humans only, while genotypes 3 and 4 can infect both humans and animals (28). The 7.2-kb genome of HEV is composed of three open reading frames (ORF). ORF1 encodes a nonstructural polyprotein with six conserved domains and one hypervariable region (14, 19). ORF2 encodes the capsid protein, and ORF3 encodes a phosphoprotein necessary for infection *in vivo* (9).

Many RNA viruses circulate as a population of heterogeneous but closely related genomes within the same individual. The emergence of such quasispecies is the consequence of a high mutation rate engendered by the activity of nonproofreading RNA-dependent RNA polymerases (RdRP), coupled with a high replication rate.

To date, the only description of the HEV quasispecies has been obtained by restriction fragment length polymorphism and sequencing of a 448-bp fragment from HEV genotype 1 (10). Since genotype 1 is restricted to humans, the results of this study had limited significance for HEV population variability in other host species and for the existence of a putative species barrier for genotypes 3 and 4 (22). Swine isolates of genotype 3 and 4 HEV can infect primates, and human isolates of genotype 3 and 4 HEV have been shown to replicate in pigs (1, 8, 11, 23, 24). The objective of the present study was to analyze the genomic diversity of full-length HEV genotype 3 during a single passage between the two different host species

using high-throughput sequencing (HTS) techniques and deep genomic variability analysis.

MATERIALS AND METHODS

Experimental infection. Human fecal samples were collected from a French patient with no recent travel history outside France who had developed an acute autochthonous hepatitis E of subtype 3f, according to the classification of Lu et al. (22).

Two 3-month-old pigs were orally inoculated using industrially sterilized pet food mixed with 1 g of human sample infected with 2×10^9 copies of HEV RNA. After inoculation, feces of pigs were collected every 2 days for 1 month, and bile samples were collected after a light surgical procedure at 15 days postinfection (dpi) (Fig. 1). This experimental protocol was validated by the ethics committee (ComEth; saisine number 10-0041) from the National Veterinary School of Alfort, the National Agency for Safety, and University Paris 12.

Serological analyses. Serological analyses were conducted as previously described (32). Briefly, serum samples were tested with an anti-HEV total immunoglobulin kit for human diagnosis (ElAgen HEV Ab Kit; Adaltis, Ingen, France), replacing the secondary antibody by a peroxidase-conjugated rabbit polyclonal anti-pig IgG(H+L) (Abcam, France). Samples were considered positive when the optical density at 450 nm (OD_{450}) ratio of the sample to the cutoff value (equal to the value of the negative control + 0.350) was >1.

RNA extraction and quantitative RT-PCR. HEV load was estimated by real-time reverse transcription-PCR (RT-PCR). Total RNA was extracted from 200 µl of fecal samples in 10% phosphate-buffered saline (PBS) or bile samples using a viral QiAmp kit (Qiagen, Courtaboeuf, France) according to the manufacturer's instructions, and real-time RT-PCR, as developed by Jothikumar et al., was performed on 2 µl of RNA using a Quantitect RT-PCR probe (Qiagen, Courtaboeuf, France) (17). A LightCycler apparatus (Roche Molecular Biochemicals, Meylan, France) was used for sample analysis. Standard quantification curves were calculated with standard HEV RNA of subtype 3f. The standard plasmid was

Received 17 November 2011 Accepted 16 March 2012
Published ahead of print 28 March 2012
Address correspondence to Marc Eloit, marc.eloit@pasteur.fr.
Copyright © 2012, American Society for Microbiology. All Rights Reserved.
doi:10.1128/JVI.06843-11

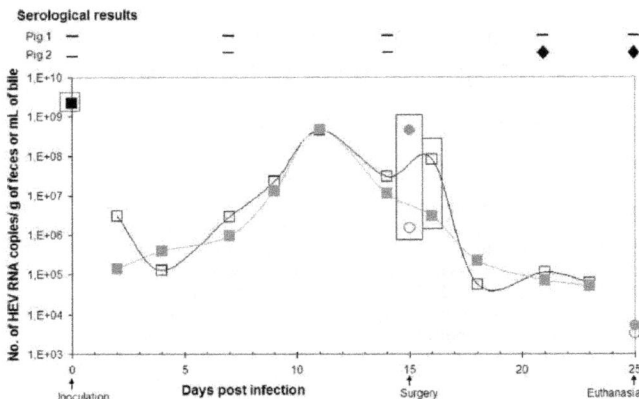

FIG 1 Experimental infection of two pigs with human HEV. The HEV load of initial human fecal sample inoculated to pigs is plotted as a black square. Excretion of the virus in the feces of pigs is plotted as white squares for pig 1 and as gray squares for pig 2. The HEV load in the bile is plotted as white dots for pig 1 and as gray dots for pig 2. The presence of anti-HEV IgG in serum is indicated by black diamonds. Samples used in high-throughput sequencing are boxed in black. Times of inoculation, surgery, and euthanasia are indicated on the axis for days postinfection.

constructed by cloning a fragment corresponding to the genomic region from nucleotides (nt) 5190 to 5489 of a French swine HEV sequence of genotype 3f (accession number JF718793) into the NheI/XhoI-digested pCDNA 3.1 (Life Technologies, Villebon sur Yvette, France) Amplification and cloning were performed using forward (5'-NheI-CTGCATCGC CCATGGGATCGC-3') and reverse (5'-XhoI-CGCTGGGACTGGTCAC GCC-3') primers.

The HEV-positive human fecal sample, a pool of swine fecal samples collected at 16 dpi, and a pool of swine bile samples collected at 15 dpi were subjected to HTS.

Sequence-independent amplification. After DNase treatment for 2 h at 37°C (0.33 U/µl of sample; Qiagen, France), total nucleic acids were extracted using a Nucleospin RNA virus kit (Macherey-Nagel, Germany) and then amplified without use of HEV-specific PCR primers, as described previously (6). Briefly, bacteriophage Φ29 polymerase-based multiple-displacement amplification was preceded by a cDNA synthesis step performed with random hexamer primers. Ligation and whole-genome amplification were then performed with a QuantiTect whole-transcriptome kit (Qiagen, France) according to the manufacturer's instructions.

High-throughput sequencing. Illumina GAII sequencing was subcontracted to GATC (Constance, Germany). High-molecular-weight DNA (5 g), resulting from genomic RNAs as described above, was fragmented into 200- to 350-nt fragments, to which adapters were ligated. Adapters included a nucleotide tag allowing for multiplexing of the three samples in one channel.

Data filtering and establishing consensus sequences. Illumina sequencing data were processed by using a bioinformatic analysis pipeline as described previously (6). Briefly, Illumina sequence reads were trimmed of their low-quality score extremities, and host genome sequences (*Homo sapiens* and *Sus scrofa*) scanned with SOAPaligner (http://soap.genomics .org) were discarded. A quick and very restrictive BLASTN study was also performed to eliminate additional host reads. BLASTN and BLASTX were used to scan dedicated specialized viral, bacterial, and generalist databases maintained locally (GenBank viral and bacterial databases) (6). Reads and contigs matching HEV sequence were mapped against the closest sequence hit using relaxed alignment settings (length fraction, 0.5; similarity, 0.8) in the CLC Genomics Workbench (CLC bio, Cambridge, MA).

Validation of polymorphic sites and analysis of sequence diversity. To eliminate overmutated reads generated by the technique, a new mapping of reads matching HEV sequences was performed with SOAPaligner (http://soap.genomics.org) on the newly assembled HEV consensus sequences, removing reads with more than two mismatches.

The error rate due to the amplification and sequencing processes was established by observing the variability of conserved genes from host species and bacteria present in the samples following the same filtering process as HEV sequences. The number of sequencing errors was plotted against the number of nucleotides mapped over a consensus sequence to uncover the error rate. A theoretical number of mutations generated by the technique was calculated for each nucleotide position of HEV quasispecies by multiplying the error rate with the coverage at each position and rounded to the immediate upper whole number. Polymorphic sites were validated when the observed number of a base (or gap) different from the consensus sequence was superior to the theoretical number of mutation errors.

Polymorphism parameter calculation. To define the intrahost diversity of HEV quasispecies, the genome-wide data of validated nucleotide sites were analyzed to measure the average nucleotide diversity and mean diversity. Nucleotide diversity as developed by Nei and Li (27) was calculated as the average percentage of single nucleotide polymorphism (SNP) over the genome, whereas mean diversity corresponds to the percentage of the number of substitutions divided by the total number of nucleotides.

For each sample, a theoretical sequence containing all validated mutations was created. Selective pressure along the three ORFs was calculated with the random effects likelihood method from Datamonkey (http: //www.datamonkey.org), and the average ratio of nonsynonymous to synonymous changes (dN/dS) was calculated using an online calculation tool (http://services.cbu.uib.no/tools/kaks). A dN/dS ratio above 1 implies a positive or directional selection in which advantageous mutations are being fixed, and a ratio of less than 1 implies a negative or purifying selection, suggesting the removal of deleterious mutations. Finally, quasispecies complexity was calculated using normalized Shannon entropy (Sn) as follows: $Sn = -\sum_i [p_i \cdot \ln(p_i)]/\ln(N)$, where N is the total number of sequences analyzed, and p_i is the frequency of each sequence in the

66

TABLE 1 Properties of sequenced data from human and pig samples

Process and/or parameter	Value by sample type		
	Human	Pig feces	Pig bile
No. of reads			
Total	28,726,064	27,146,966	25,022,058
After quality filtering	26,846,188	24,846,942	21,888,778
After host filtering	26,820,255	24,834,733	21,285,465
Matching HEV sequence	4,256	13,267	3,455,265
Assembling of HEV consensus sequences			
No. of nucleotides mapped over the HEV genome	334,924	1,035,285	269,207,053
Length of consensus HEV genome (nt)	7,261	7,259	7,317
Depth coverage (mean no. of reads per nucleotide position)	46	143	36,792
Mapping of HEV quasispecies			
No. of nucleotides mapped over the HEV genome	297,263	925,591	243,773,002
Length of consensus HEV genome (nt)	7,234	7,231	7,316
Depth coverage (mean no. of reads per nucleotide position)	41	128	33,316

viral quasispecies. Sn varies from 0 (no complexity) to 1 (maximum complexity).

Detection of nonviable mutations. In order to have an estimate of the percentage of the nonviable HEV population, mutations creating internal stop codons and mutations changing an amino acid into a proline were considered. We assumed that any stop codon within one of the three ORFs would produce a nonviable virion. Prolines are known to disrupt secondary structures and thus affect proper folding of proteins. ORF2 of HEV has been fully characterized (31) as coding for the capsid protein. Any mutations creating an additional proline in ORF2 would disrupt the structure of the capsid monomers, preventing its oligomerization and yielding nonviable virions. The range of frequency of these disruptive mutations was approximated from the highest mutation frequency observed in all sites to the sum of all frequencies, considering whether all disruptive mutations are situated on the same sequence or whether all disruptive sites are on different sequences.

Nucleotide sequence accession numbers. The consensus sequences for the full-length genomes of human HEV, swine HEV from feces, and swine HEV from bile were deposited in the GenBank under accession numbers JN906974, JN906975, and JN906976, respectively.

RESULTS

Experimental infection. Prior to inoculation, both pigs tested seronegative and negative for HEV RNA (Fig. 1). Oral inoculation of 2×10^9 copies of human HEV was successful, leading to virus excretion in both pigs from 2 dpi and seroconversion at 21 dpi in pig 2 (Fig. 1). Peak viral excretion reached 4×10^8 copies of HEV RNA/g of feces at 11 dpi. Shortly after the peak of excretion, light surgery was performed to collect the bile of the two infected animals. Bile samples of pig 1 and pig 2 contained 2×10^6 and 4×10^8 copies of HEV RNA/ml of bile, respectively. Subsequent feces samples of pig 1 and pig 2 collected at 16 dpi reached 8×10^7 and 3×10^6 copies of HEV RNA/g of feces, respectively (Fig. 1).

Generation of HEV consensus genomes from Illumina sequencing data. Illumina sequencing generated around 27×10^6 reads per sample. An average of 10% of the reads was discarded after quality filtering and mapping over the host species genomes; 0.15% to 15% of these reads matched HEV sequences (Table 1). For each of the three samples, numerous contigs were assembled, and three consensus sequences were derived with 4.3×10^3 to 3.5×10^6 reads. HEV consensus genomes differed in length (Table 1), with sequences from human feces and pig feces being shorter

than the one from pig bile of 3 nt at the 5' untranslated region (UTR) and 53 to 55 nt at the 3' UTR. These differences correspond to a lower coverage of the extremities due to the trimming process of each read.

The HEV consensus sequences of the three samples were 100% identical. As expected, they were found to be of genotype 3, subtype 3f. HEV genome coverage ranged from 2 to 146,597 reads per nucleotide position, depending on sample and genomic region (Fig. 2). The pool of swine bile samples had the highest HEV load: 2.56×10^9 copies of HEV RNA/ml after amplification compared to 7.42×10^4 and 6.44×10^6 copies of HEV RNA/ml for the pool of swine feces and the human sample, respectively (data not shown). As a result, the pool of swine bile sample had the highest genome coverage, with a mean coverage of 36,792 reads per nucleotide position compared to 143 and 46 reads for swine feces and human feces, respectively (Table 1).

HEV polymorphism parameters. The number of sequencing errors was plotted against the number of nucleotides mapped over conserved genes of host species and bacteria. The error rate was found to be 0.28% (Fig. 3). Because of the coverage differences, the number of polymorphic sites above the error rate found in each sample varied according to the coverage of HEV sequences in each sample: 42 SNPs for the human sample, 172 SNPs for the pool of pig feces, and 614 SNPs for the pool of pig bile, which represented 0.5%, 2.4%, and 8.3% of the genome, respectively (Table 2). Mutations occurring at a frequency as little as 1/356 could be detected, and the proportion of the HEV population displaying one particular SNP could be as high as 33% (Fig. 4).

This polymorphism is not constant along the genome (Fig. 4). The HEV quasispecies from the pool of pig bile presented values of intrahost nucleotide diversity higher for the 5' untranslated region (UTR) and hypervariable region than for the region coding for the RdRP (1.4%, 0.093%, and 0.044%, respectively) (data not shown).

Mean diversity ranged from 0.03% for the human sample to 0.18% for the pool of pig bile, whereas intrahost nucleotide diversity ranged from 0.028% to 0.07%. The type of mutations found in the three samples gave an unusual rate of transition/transversion of around 0.6. From 50 to 85% of SNPs resulted in nonsynonymous mutations, which represented 1.4% to 14.1% of the total

Résultats

Résultats

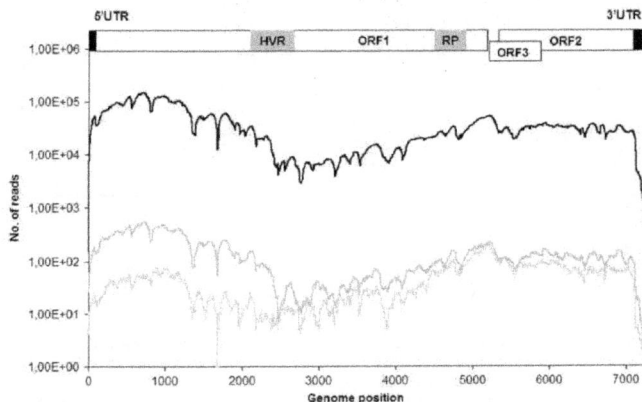

FIG 2 Coverage of the HEV genome by high-throughput sequencing. A schematic representation of the HEV genome is shown at the top of the figure. ORFs are drawn to scale, and the UTR, the hypervariable region (HVR), and the region coding for the RNA polymerase (RP) are highlighted. Numbers of reads are projected along the genomic position. Black line, bile samples pooled from the two pigs; plain gray line, feces sample pooled from the two pigs; dotted gray line, human sample.

length of the three combined ORFs (Table 2). Selective pressure along the three ORFs was mainly neutral, with a few negatively selected sites in ORF2; no positively selected sites ($dN > dS$) could be detected (data not shown). The average genome-wide dN/dS ratio ranged from 0.91 to 0.51 (Table 2), suggestive of a negative selection. Finally, genome-wide normalized Shannon entropy was fairly low, ranging from 0.006 to 0.011 (Table 2).

A total of 5 to 32 sites with mutations creating internal stop codons or additional prolines could be detected in the HEV sequences of the three samples. The frequency of these disruptive mutations in the HEV population ranged from 2.7 to 20.7% (Table 2).

Conserved polymorphism. Ninety-two SNPs were shared by the sequences from the pool of pig bile or feces, but, more importantly, 22 polymorphic nucleotide positions were shared by the sequences from human and pig bile; and 12 SNPs were shared by the sequences of all three samples (Fig. 4 and Table 3). Of these 12 SNPs, 6 were situated in ORF1, 3 were in the overlapping fragment of ORF2 and ORF3, and 3 others were in ORF2 alone. Only two of these mutations were transitions, and only two resulted in synonymous amino acid changes. The average frequency of these 12 shared SNPs were, respectively, 1.6, 3.5, and 4 times higher than the average SNP frequency in the human sample, the pig feces, and the pig bile samples (Tables 2 and 3).

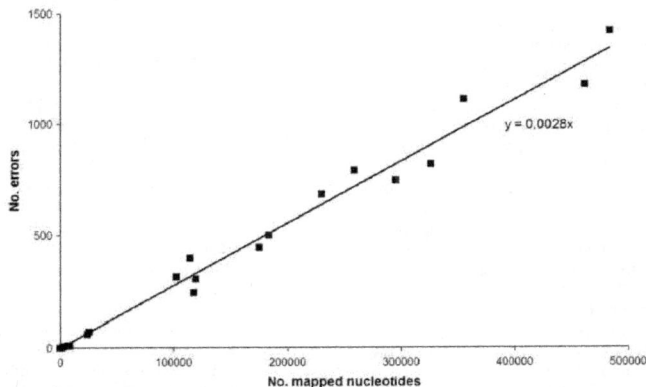

FIG 3 Plot of the number of sequencing errors versus the number of nucleotides mapped over conserved genes of host species and bacteria from our HEV samples. The black line represents the linear regression resulting in an error rate of 0.28%.

69

TABLE 2 Statistics on polymorphism of HEV from human and pig samples

Sample source	No. of SNPs (% of the genome)	Avg SNP frequency (%)	Mean diversity (%)[a]	π (%)[b]	Ts/Tv[c]	No. of variable amino acid sites (%)	dN/dS[d]	Sn[e]	No. of sites with deleterious mutations[f]	Frequency of deleterious mutations (%)
Human	42 (0.5)	4.93	0.03	0.028	0.35	36 (1.4)	0.91	0.006	5	7-19.6
Pig feces	172 (2.4)	1.17	0.19	0.047	0.67	110 (4.3)	0.72	0.008	6	8.1-17
Pig bile	614 (8.3)	0.83	0.18	0.070	0.74	355 (14.1)	0.51	0.011	32	2.7-20.7

[a] Calculated as the percentage of the number of substitutions divided by the total number of nucleotides.
[b] π is the nucleotide diversity calculated as the average percentage of SNPs over the genome (27).
[c] Transition/transversion ratio.
[d] Ratio of nonsynonymous to synonymous mutations.
[e] Shannon entropy.
[f] Internal stop codons and disruptive proline.

Comparison of polymorphism with other viruses. The values for intrahost nucleotide diversity (π) are consistent with those of other viruses (Fig. 5). The average π of the full-length HEV genome varied according to the coverage of HEV sequences in each sample and ranged from 0.028% in the human sample to 0.07% in the pool of pig bile. These values are in the range of the values obtained for zoonotic viruses, such as the West Nile virus (WNV) (0.021% in birds to 0.034% in mosquitoes) (15), but are in the lower range of viruses present in humans, such as the human immunodeficiency virus (HIV) (range, 0.04 to 2.5%), or even five times lower than values found for hepatitis C virus (HCV) (range, 0.04 to 4.1%) (33, 34).

DISCUSSION

Zoonotic transmissions between humans and swine have been highly suspected since partial HEV sequences from both hosts can share more than 99% identity (4) and since experimental cross-infection of subtype 3a HEV in pigs and primates leads to productive HEV infections (24). Subtype 3f HEV is the most common subtype in France and Europe (4, 22, 40) and has been shown to be circulating actively between humans and swine (4). This subtype was selected to study the effect of an interspecies transmission on the genomic adaptation of HEV in its full-length consensus sequence and its quasispecies.

The oral route mimics natural infection of this enterically transmitted disease but has been shown to be less efficient than intravenous or intrahepatic routes (18). In the present study, oral exposure of pigs to human subtype 3f HEV led to a productive HEV infection. A previous observation that oral exposure to human genotype 1 did not give rise to infection may thus have been related to the restriction of genotype 1 to humans rather than to the route of inoculation (2, 21).

Surprisingly, no nucleotide mutations could be found over the full-length consensus sequence amplified after the interspecies transmission, which demonstrates a clear adaptation of genotype 3 HEV to both humans and swine. Additionally, 29% (12/42) of polymorphic sites of HEV from the human sample were effectively infectious and found to be excreted in the feces of pigs at 16 dpi. As demonstrated in other studies, this spectrum of mutations does not necessarily increase fitness of one virion but might rather lead to increased infectivity and zoonotic potential through the diversity of HEV quasispecies population (7, 39).

Conversely, not all polymorphic sites could be transmitted since a large number of mutations were deleterious. At least 2 to 20.7% of HEV quasispecies population have been found to be nonviable. These results represent the lowest range of nonviable sequences since no mutations other than stop codons or proline were considered. Sanjuan et al. estimated that up to 40% of random mutations in RNA viruses are lethal (35).

The ratio of transitions/transversions observed in the present study is indicative of whether or not the mutations observed are random. In phylogeny, a bias toward a ratio of 1 is commonly observed since transitions seem favored over transversions, possibly as a result of the underlying chemistry of mutation. In the present study, a ratio closer to 0.5 has been observed, suggesting that mutations seem to occur at random. It is then possible to infer that the development of HEV quasispecies occurs at random, resulting in a high proportion of deleterious mutants, as stated by Sanjuan et al. (35). HEV quasispecies is then purified of its deleterious mutations, as shown by the negative dN/dS ratio.

As Belshaw et al. discussed, mutations and substitutions occur at different tempos and at different biological levels (3). Substitutions are defined as mutations which are fixed in a population. The present study dealt with nonfixed mutations undetectable at the level of the consensus sequence but observed at the level of the quasispecies and therefore expressed as the average percentage of SNPs. Nonetheless, a correlation in the variation of the mutation rate along the genome observed in this study could be made with a previous report studying the substitution rate along HEV genomes. Variation in the substitution rate along the genome of HEV has been predicted previously as being lower for the region encoding the RdRP (8.4×10^{-4} substitutions per site per year) than for the complete genome (1.51×10^{-3} substitutions per site per year) (30). In the present study, the mutation rate was also observed to be significantly lower in the RdRP (0.044%) than in other parts of the genome (up to 1.4%), which may be explained by higher functional constraints on this coding region.

In the end, HEV quasispecies resulted in a low-diversity and low-complexity population compared to other human RNA viruses such as HIV or HCV (33, 34). HEV intrahost nucleotide diversity is closer to what has been found for the zoonotic virus WNV. Indeed, viruses that need to infect diverse hosts to produce a full viral cycle, like arboviruses, are subjected to higher constraints and thus evolve more slowly than other RNA viruses (15).

In addition to being a useful tool for discovering new pathogens (5, 36, 37), HTS is also of great interest in delineating the quasispecies of viruses since the use of specific PCRs to amplify subgenomic regions of the virus, which could introduces bias, is avoided. But great care should be put into the handling of poly-

Résultats

Résultats

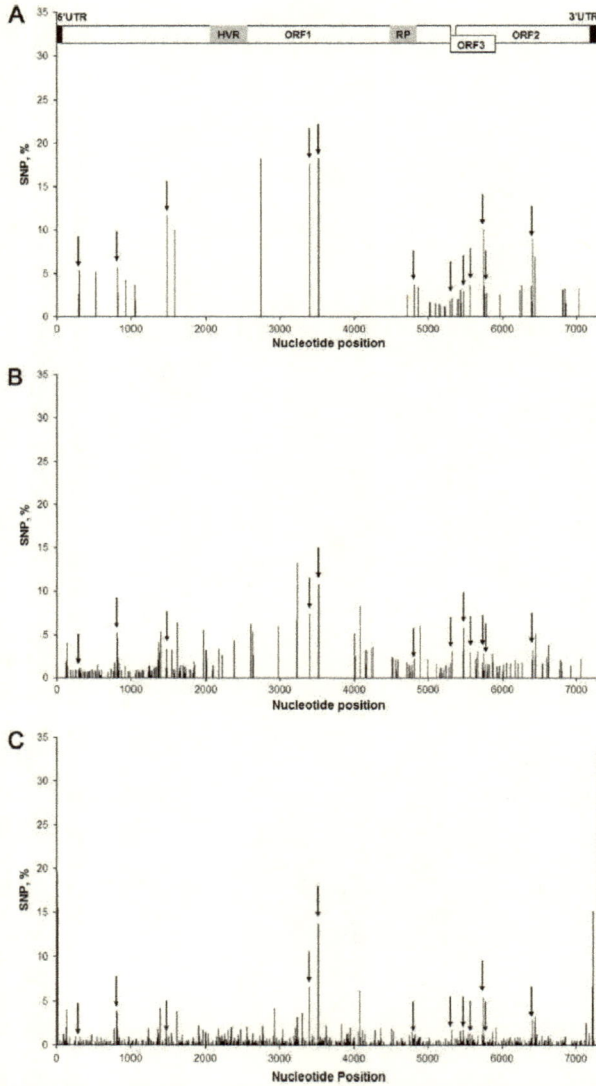

FIG 4 SNPs along the HEV genome. A schematic representation of the HEV genome is aligned at the top of the figure (see the legend of Fig. 2). Bars indicate the percentage of validated SNPs along the HEV genome sequenced from the human sample (A), the feces of pigs (B), and the bile of pigs (C). Black arrows indicate the position of SNPs shared by the three samples.

Résultats

TABLE 3 Single nucleotide positions shared by HEV sequences from human and pig

Consensus sequence			Human			Pig feces			Pig bile		
Position (nt) and/or ORF	Nucleotide	Amino acid	SNP (%)	Nucleotide	Amino acid	SNP (%)	Nucleotide	Amino acid	SNP (%)	Nucleotide	Amino acid
297	C	A	5.26	G	C	1.05	G/A	C/D	0.34	G	C
820	A	L	5.71	C	F	4.50	C/T	F/F	3.60	C	F
1474	T	C	11.76	G	W	1.04	G	W	0.91	G	W
3404	C	H	17.65	T	H	7.41	T	H	6.70	T	H
3519	T	V	18.18	G	G	10.71	G	G	13.72	G	G
4809	T	V	3.64	G	G	2.22	G	G	0.88	G	G
5325[a]	G		2.06	T/C		3.03	T/C		1.74	T/C	
ORF3		R			R/R			R/R			R/R
ORF2		A			S/P			S/P			S/P
5481[a]	A		2.94	C		5.75	C		1.73	C	
ORF3		E			D			D			D
ORF2		T			P			P			P
5568[a]	A		3.57	C		2.94	G		1.37	C	
ORF3		L			L			L			L
ORF2		T			P			A			P
5743	A	N	10.00	C	T	2.75	C	T	5.43	C	T
5749	T	L	7.04	C	P	1.80	C	P	1.57	C	P
6407	G	G	8.89	C	G	3.23	C	G	2.82	C	G/G

[a] Position situated in the overlapping region of ORF2 and ORF3.

morphic data since various biases are reported for HTS techniques (13, 26).

Sequence coverage depth is, for example, critical when different samples are compared. Variations of polymorphism observed in this study between the three samples should not be considered as properties of HEV quasispecies in different hosts or sampling points but as a consequence of the differences in nucleotide coverage. A higher sequence coverage contains more information and is therefore more accurate in detecting low-frequency variants. The lower number of SNPs and the smaller intrahost nucleotide diversity observed for HEV from the human sample than from the pig samples are only the results of its lower coverage.

Interestingly, the mutation error rate for Illumina GaIIx calculated in this study as being 0.28% was the same as previously reported (26). A number of insertions/deletions were found in the HEV sequences, all of which fell under the mutation error rate. The insertion/deletion rate generated by the amplification and high-throughput sequencing processes could be calculated as being 5.7×10^{-7} (data not shown), which is lower than what has been previously established (4×10^{-6}) (26). This insertion/deletion rate was very likely reduced by the second mapping of HEV sequences, which removed all reads containing more than two mismatches.

Here is presented the first report on the use of HTS for the study of full-length genomes of HEV and, more generally, on the use of HTS to analyze viral variability upon interspecies transmission. The observation that the full-length consensus sequence of HEV is conserved in spite of a change of host demonstrates the absence of a species barrier and the clear adaptation of genotype 3f HEV to both hosts. Moreover, this study confirms that HEV exists as a quasispecies in the *in vivo* setting and that genetic variability extends throughout its genome. Finally, major SNPs were conserved during the interspecies transmission. These results may suggest that transmission of swine HEV to humans would result in the absence of adaptation and in a productive HEV infection.

In conclusion, the transmission of human HEV to pigs did not seem associated with a restriction in genetic diversity, most likely because HEV infection of either host does not impact its viral cycle. According to the typology of zoonosis proposed by Pepin et al. (29), the transmission of some zoonotic agents can be governed only by ecological drivers. In this case, all viral genotypes circulating in the reservoir are already competent for transmission in the new host. Founder effects or adaptative fine-tuning in the new host could explain the variability of the strains. These results suggest that HEV could belong to this category of viruses.

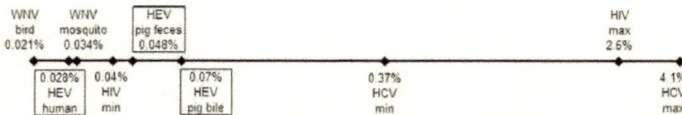

FIG 5 Viral intrahost nucleotide diversity (π) of viruses. Values of π are displayed as percentages on a logarithmic number line for HEV alongside the West Nile virus (WNV), human immunodeficiency virus (HIV), and hepatitis C virus (HCV) (15, 33, 34).

74

Résultats

ACKNOWLEDGMENTS

J.B. was supported by a Ph.D. grant from the ANSES.

We thank Elizabeth Nicand and Sophie Tessé from the National Reference Center for HEV, HIA Val de Grace, Paris, France, for providing the human fecal sample used for the experimental infection. We thank Kevin Pariente from the Institut Pasteur for technical assistance. We also thank Thomas Lilin, Francis Moreau, and Benoit Lécuelle from the research center for molecular biology, ENVA, Maisons-Alfort, France, for the animal care and expertise they provided for the experimental infection. Finally, we warmly thank Jennifer Richardson for editing the English version of the manuscript.

REFERENCES

1. Arankalle VA, Chobe LP, Chadha MS. 2006. Type-IV Indian swine HEV infects rhesus monkeys. J. Viral Hepat. 13:742–745.
2. Balayan MS, Usmanov RK, Zamyatina NA, Djumalieva DI, Karas FR. 1990. Brief report: experimental hepatitis E infection in domestic pigs. J. Med. Virol. 32:58–59.
3. Belshaw R, Sanjuán R, Pybus OG. 2011. Viral mutation and substitution: units and levels. Curr. Opin. Virol. 1:430–435.
4. Bouquet J, et al. 2011. Close similarity between sequences of hepatitis E virus recovered from humans and swine, France, 2008–2009. Emerg. Infect. Dis. 17:2018–2025.
5. Buckwalter MR, et al. 2011. Identification of a novel neuropathogenic Theiler's murine encephalomyelitis virus. J. Virol. 85:6893–6905.
6. Cheval J, et al. 2011. Evaluation of high-throughput sequencing for identifying known and unknown viruses in biological samples. J. Clin. Microbiol. 49:3268–3275.
7. Coffey LL, Vignuzzi M. 2011. Host alternation of chikungunya virus increases fitness while restricting population diversity and adaptability to novel selective pressures. J. Virol. 85:1025–1035.
8. Feagins AR, Opriessnig T, Huang YW, Halbur PG, Meng XJ. 2008. Cross-species infection of specific-pathogen-free pigs by a genotype 4 strain of human hepatitis E virus. J. Med. Virol. 80:1379–1386.
9. Graff J, et al. 2005. The open reading frame 3 gene of hepatitis E virus contains a cis-reactive element and encodes a protein required for infection of macaques. J. Virol. 79:6680–6689.
10. Grandadam M, et al. 2004. Evidence for hepatitis E virus quasispecies. J. Gen. Virol. 85:3189–3194.
11. Halbur PG, et al. 2001. Comparative pathogenesis of infection of pigs with hepatitis E viruses recovered from a pig and a human. J. Clin. Microbiol. 39:918–923.
12. Haqshenas G, Shivaprasad HL, Woolcock PR, Read DH, Meng XJ. 2001. Genetic identification and characterization of a novel virus related to human hepatitis E virus from chickens with hepatitis-splenomegaly syndrome in the United States. J. Gen. Virol. 82:2449–2462.
13. Harismendy O, et al. 2009. Evaluation of next generation sequencing platforms for population targeted sequencing studies. Genome Biol. 10: R32. http://genomebiology.com/content/10/3/R32.
14. Huang CC, et al. 1992. Molecular cloning and sequencing of the Mexico isolate of hepatitis E virus (HEV). Virology 191:550–558.
15. Jerzak G, Bernard KA, Kramer LD, Ebel GD. 2005. Genetic variation in West Nile virus from naturally infected mosquitoes and birds suggests quasispecies structure and strong purifying selection. J. Gen. Virol. 86: 2175–2183.
16. Johne R, et al. 2010. Novel hepatitis E virus genotype in Norway rats, Germany. Emerg. Infect. Dis. 16:1452–1455.
17. Jothikumar N, Cromeans TL, Robertson BH, Meng XJ, Hill VR. 2006. A broadly reactive one-step real-time RT-PCR assay for rapid and sensitive detection of hepatitis E virus. J. Virol. Methods 131:65–71.
18. Kasorndorkbua C, et al. 2004. Routes of transmission of swine hepatitis E virus in pigs. J. Clin. Microbiol. 42:5047–5052.
19. Koonin EV, et al. 1992. Computer-assisted assignment of functional domains in the nonstructural polyprotein of hepatitis E virus: delineation of an additional group of positive-strand RNA plant and animal viruses. Proc. Natl. Acad. Sci. U. S. A. 89:8259–8263.
20. Li T-C, et al. 2005. Hepatitis E virus transmission from wild boar meat. Emerg. Infect. Dis. 11:1958–1960.
21. Lu L, et al. 2004. Complete sequence of a Kyrgyzstan swine hepatitis E virus (HEV) isolated from a piglet thought to be experimentally infected with human HEV. J. Med. Virol. 74:556–562.
22. Lu L, Li C, Hagedorn CH. 2006. Phylogenetic analysis of global hepatitis E virus sequences: genetic diversity, subtypes and zoonosis. Rev. Med. Virol. 16:5–36.
23. Meng XJ, et al. 1998. Experimental infection of pigs with the newly identified swine hepatitis E virus (swine HEV), but not with human strains of HEV. Arch. Virol. 143:1405–1415.
24. Meng XJ, et al. 1998. Genetic and experimental evidence for cross-species infection by swine hepatitis E virus. J. Virol. 72:9714–9721.
25. Meng XJ, et al. 2011. Hepeviridae, p 991–998. In King AMQ, et al (ed), Virus taxonomy. Ninth report of the International Committee on Taxonomy of Viruses. Elsevier, London, United Kingdom.
26. Minoche AE, Dohm JC, Himmelbauer H. 2011. Evaluation of genomic high-throughput sequencing data generated on Illumina HiSeq and Genome Analyzer systems. Genome Biol. 12:R112. http://genomebiology.com/content/12/11/R112.
27. Nei M, Li WH. 1979. Mathematical model for studying genetic variation in terms of restriction endonucleases. Proc. Natl. Acad. Sci. U. S. A. 76: 5269–5273.
28. Pavio N, Meng X-J, Renou C. 2010. Zoonotic hepatitis E: animal reservoirs and emerging risks. Vet. Res. 41:46.
29. Pepin KM, Lass S, Pulliam JRC, Read AF, Lloyd-Smith JO. 2010. Identifying genetic markers of adaptation for surveillance of viral host jumps. Nat. Rev. Microbiol. 8:802–813.
30. Purdy MA, Khudyakov YE. 2010. Evolutionary history and population dynamics of hepatitis e virus. PLoS One 5:e14376.
31. Robinson RA, et al. 1998. Structural characterization of recombinant hepatitis E virus ORF2 proteins in baculovirus-infected insect cells. Protein Expr. Purif. 12:75–84.
32. Rose N, et al. 2011. High prevalence of Hepatitis E virus in French domestic pigs. Comp. Immunol. Microbiol. Infect. Dis. 34:419–427.
33. Sakai A, Kaneko S, Honda M, Matsushita E, Kobayashi K. 1999. Quasispecies of hepatitis C virus in serum and in three different parts of the liver of patients with chronic hepatitis. Hepatology 30:556–561.
34. Salazar-Gonzalez JF, et al. 2009. Genetic identity, biological phenotype, and evolutionary pathways of transmitted/founder viruses in acute and early HIV-1 infection. J. Exp. Med. 206:1273–1289.
35. Sanjuán R, Moya A, Elena SF. 2004. The distribution of fitness effects caused by single-nucleotide substitutions in an RNA virus. Proc. Natl. Acad. Sci. U. S. A. 101:8396–8401.
36. Sauvage V, et al. 2011. Identification of the first human gyrovirus, a virus related to chicken anemia virus. J. Virol. 85:7948–7950.
37. Sauvage V, et al. 2011. Human polyomavirus related to African green monkey lymphotropic polyomavirus. Emerg. Infect. Dis. 17:1364–1370.
38. Tei S, Kitajima N, Takahashi K, Mishiro S. 2003. Zoonotic transmission of hepatitis E virus from deer to human beings. Lancet 362:371–373.
39. Vignuzzi M, Stone JK, Arnold JJ, Cameron CE, Andino R. 2006. Quasispecies diversity determines pathogenesis through cooperative interactions in a viral population. Nature 439:344–348.
40. Widén F, et al. 2011. Molecular epidemiology of hepatitis E virus in humans, pigs and wild boars in Sweden. Epidemiol. Infect. 139:361–371.

III – Nouvel éclairage sur la distribution génotypique, la restriction d'hôte et l'évolution des génomes du VHE par caractérisation génétique du biais de l'usage des codons de séquences complètes

Afin d'aider à la classification des séquences du VHE, les génotypes majoritaires ont été divisé en 24 sous-types (Lu et al., 2006). En France, 3 sous-types majeurs ont été retrouvés en proportions égales chez l'homme et le porc. Mais alors que le sous-type 3f correspond à 73.8% des isolats, le sous-type 3c compte pour 13.8% et le sous-type 3e pour 4.7% des isolats. Il existe aussi des différences de distribution régionale. En Bretagne, 96% des animaux infectés sont infectés par du sous-type 3f. Les différences de distribution des sous-types sont-elles liées à des différences de niveau d'exposition ou bien à des déterminants de virulence spécifiques à un sous-type ou à certaines souches de ce sous-type? D'autre part, l'évolution moléculaire des génomes peut être étudiée à travers le biais nucléotidique et l'usage des codons afin d'identifier l'existence de déterminants liés à la restriction d'hôte pour les agents zoontiques.

Trois isolats porcins de VHE précédemment identifiés comme appartenant aux sous-types 3f, 3c et 3e sur la base de leurs séquences partielles ont été entièrement séquencés à l'aide d'amorces dégénérées. Les 3 génomes complets ont été comparés à 45 autres séquences VHE disponibles publiquement dans une banque de données (Genbank). Une étude phylogénétique, suivi de l'étude de leur biais nucléotidique, dinucléotidique et de l'usage des codons a été réalisé. Enfin, une analyse de correspondance sur l'utilisation des codons synonymes selon le génotype, l'hôte et l'origine géographique des génomes de VHE a été menée.

Les 3 génomes de 7238 à 7249 nucléotides ne diffèrent en taille que par leur partie 3' non codante, ainsi que par la délétion d'un acide aminé dans l'ORF1 du génome premièrement catégorisé comme 3c. La phylogénie montre que les 3 nouveaux génomes complets sont bien de génotype 3. Alors que les 2 nouveaux génomes appartiennent bien aux sous-types 3f et 3e, le troisième génome décrit initialement par séquençage partiel comme de sous-type 3c est en réalité plus proche d'un génome de sous-type non-défini et de 2 génomes de sous-type 3i. La classification actuelle en sous-types montre qu'elle ne permet pas de classer toutes les séquences complètes identifiées.

La composition nucléotidique des différents génotypes du VHE a aussi été évaluée pour chaque séquence de longueur génomique et a montré un biais sous-représentant le A et sur-représentant le C. Ce biais a été observé pour tous les génotypes 1 à 4 et de manière quasi-homogènes sur les 3 positions des codons. Alors que la composition en dinucléotides AA et CC reflète le biais nucléotidique, un biais dinucléotidique est observé à l'encontre de CG. Enfin, les valeurs d'utilisation relative des codons synonymes montrent un biais plus marqué pour le génotype 1 que pour les génotypes 2, 3 et 4. L'analyse de correspondance de ces dernières valeurs montre que l'hôte ou l'origine géographique de l'isolat ne sont pas des déterminants de la composition du génome. De plus, cette analyse a montré que la classification en sous-types 3a, 3b, 3c et 3i n'est plus soutenu par les nouveaux génomes complets séquencés.

En conclusion, les nouveaux génomes VHE isolés du porc ne comportent pas de déterminants génétiques prédictifs de l'hôte d'origine. La délétion d'un acide aminé au génome proche du sous-type 3c est retrouvée dans le génome de plusieurs sous-types correspondant à une des branches phylogénétiques à l'intérieur du génotype 3, sans marquer de spécificité d'hôte. La comparaison des compositions des génomes des différents sous-types permet d'éclairer l'évolution particulière du VHE. Alors que tous les virus à ARN présentent un biais des nucléotides U et G, le VHE, ainsi que le virus de la rubéole, présentent

77

un biais contraire envers les nucléotides A et C (Auewarakul, 2005). Par contre, comme la plupart des virus à ARN, le VHE sous-exprime le nucléotide CG. Les nucléotides CG peuvent être méthylés chez les mammifères et permettent un contrôle épigénétique des gènes et une reconnaissance de l'ADN microbien. Il a été suggéré que les virus à ARN miment leur hôte afin d'échapper au système immunitaire et améliorer leur efficacité de transcription et traduction (Greenbaum et al., 2008). Le biais des codons du VHE est relativement faible, conférant un avantage à la réplication dans différents hôtes comportant des préférences de codons différentes. Le fait que le génotype 1 présente un biais d'usage des codons plus proches de son hôte serait lié à sa plus longue adaptation à l'homme. Enfin, cette étude a aussi permis de mettre en avant, par phylogénie et par analyse de correspondance des valeurs de biais d'usage des codons, le besoin de revoir la classification des différents sous-types. Il est envisageable de diviser le génotype 3 en 2 branches phylogénétiques majeures regroupant les sous-types « 3a, 3b, 3c, 3i, 3g et non-définis » d'un côté et les sous-types « 3e, 3f » de l'autre.

Infection, Genetics and Evolution xxx (2012) xxx–xxx

Contents lists available at SciVerse ScienceDirect

Infection, Genetics and Evolution

journal homepage: www.elsevier.com/locate/meegid

Genetic characterization and codon usage bias of full-length Hepatitis E virus sequences shed new lights on genotypic distribution, host restriction and genome evolution

Jerome Bouquet [a,b,c], Pierre Cherel [d], Nicole Pavio [a,b,c,*]

[a] UMR 1161 Virology, ANSES, Laboratoire de Santé Animale, 94706 Maisons-Alfort, France
[b] UMR 1161 Virology, INRA, 94706 Maisons-Alfort, France
[c] UMR 1161 Virology, Ecole Nationale Vétérinaire d'Alfort, Université Paris-Est, 94704 Maisons-Alfort, France
[d] France Hybrides, Saint-Jean de Braye, France

ARTICLE INFO

Article history:
Received 13 May 2012
Received in revised form 27 July 2012
Accepted 29 July 2012
Available online xxxx

Keywords:
Hepatitis E virus
Phylogeny
Codon usage bias
Nucleotide composition
Genotype
Zoonosis

ABSTRACT

Hepatitis E virus (HEV) is present in different species and ecological niches. It has been divided into 4 major mammalian genotypes. In this study, 3 new full-length genomes of swine HEV were sequenced and the results did not reveal any particular host determinant in comparison with human isolates belonging to the same genotype. Nucleotide composition and codon usage bias were determined to characterize HEV host restriction and genome evolution. Peculiar nucleotide bias was observed for A and C nucleotides in all HEV genotypes. Apart from the ORF1 hypervariable region and the ORF2/3 overlapping region, no nucleotide bias was observed between the 3 codon positions. CpG dinucleotides were also shown to be under-represented in HEV as in most RNA viruses. The effective number of codon used in HEV genome was high, indicating a lack of codon bias. Correspondence analysis of the relative synonymous codon usage was performed and demonstrated that evolution of HEV is not driven by geographical or host factors, but is representative of HEV phylogeny. These results confirm that HEV genome evolution is mainly based on mutational pressure. Natural selection, for instance involving fine-tuning translation kinetics and escape from the host immune system, may also play a role in shaping the HEV genome, particularly in the ORF1 hypervariable region and the ORF2/3 overlapping region. These regions might be involved in host restriction. Finally this study revealed the need to re-evaluate the possible subtyping classification.
© 2012 Published by Elsevier B.V.

1. Introduction

Hepatitis E virus (HEV) is a causative agent of enterically transmitted acute hepatitis (Panda et al., 2007). It is an emerging public health issue in tropical and subtropical countries where it causes large scale waterborne epidemics, but is also the cause of an increasing number of sporadic cases, whose origin has not yet been determined, in industrialized countries (Purcell and Emerson, 2008). It is the only hepatitis virus found in animals other than primates, such as chicken, rat, rabbit, swine, wild boar and mongoose (Pavio et al., 2010).

HEV is a non-enveloped virus with a single-stranded positive RNA genome of 6.6–7.3 kb composed of 3 open reading frames (ORFs). The ORF1 encodes for a non-structural polyprotein containing a hypervariable region (HVR), also called polyproline rich region (Purdy et al., 2012). The ORF2 encoding for the capsid

protein overlaps the ORF3, which encodes a small phosphoprotein, with unknown function but possibly involved in viral release (Emerson et al., 2010). HEV is the sole member of the family *Hepeviridae* (Meng et al., 2011) and has been classified into 4 major genotypes. Genotypes 1 and 2 are endemic to developing countries, whereas genotypes 3 and 4 are the cause of sporadic cases in humans. Genotypes 1 and 2 are only present in humans, whereas genotypes 3 and 4 are zoonotic and widely found in swine and wild boar (Pavio et al., 2010). In addition to these 4 major genotypes, divergent HEV isolates from chicken and duck have been classified as an avian genotype (Meng et al., 2011) and it has been suggested that new complete HEV genomes found in rat and in rabbit be classified respectively as a rat genotype and a rabbit genotype (Zhao et al., 2009; Johne et al., 2010). Lu et al. further divided HEV classification into 24 subtypes based on complete and partial HEV sequences available at the time. Genotype 1 is divided into 5 subtypes (1a–1e), genotype 2 into 2 subtypes (2a and 2b), genotype 3 into 10 subtypes (3a–3j), and genotype 4 into 7 subtypes (4a–4g) (Lu et al., 2006). This classification is widely used but has not yet been approved by the International Committee on Taxonomy of viruses (ICTV).

* Corresponding author at: UMR 1161 Virology, ANSES, Laboratoire de Santé Animale, 94706 Maisons-Alfort, France. Tel.: +33 1 43 96 72 09; fax: +33 1 43 96 73 96.
E-mail address: npavio@vet-alfort.fr (N. Pavio).

1567-1348/$ - see front matter © 2012 Published by Elsevier B.V.
http://dx.doi.org/10.1016/j.meegid.2012.07.021

2

J. Bouquet et al. / Infection, Genetics and Evolution xxx (2012) xxx–xxx

In France, there are 3 major subtypes, namely subtypes 3c, 3e and 3f, which are found in the same proportions in human and swine populations. While subtype 3f accounts for 73.8% of HEV isolates, 3c accounts for 13.4% and 3e for 4.7% (Bouquet et al., 2011). The differences of distribution could be due to putative genomic determinants modifying the infectivity in one host or simply to opportunity of infection. To understand the extent of subtype determinants on their distribution, more thorough analysis of new full-length genomes of these different subtypes is required.

New HEV genomes might also be of help for revealing the molecular evolution of HEV. Molecular evolution corresponds to the evolution in genome size, the number of genes, accumulation of mutations and changes in nucleotide and dinucleotide composition or in codon usage. Due to the degeneracy of the genetic code, most amino acids are coded by more than one codon (synonymous codon usage). These synonymous codons are not used randomly. On the other hand, some codons are used more frequently than others. Mutational pressure and translational selection are thought to be among the main factors that account for codon usage variation among genes in different hosts (Vetsigian and Goldenfeld, 2009). Understanding the extent and causes of biases in codon usage is essential for understanding viral evolution and ecology, especially with zoonotic pathogen (Jenkins and Holmes, 2003).

In this study, the full length genomes of 3 swine HEV isolates from France were amplified, sequenced and compared to 45 HEV strains representing all known genotypes of HEV. Sequence alignments and phylogenetic analysis were performed to identify putative genomic differences of HEV responsible for the host range. Nucleotide composition, codon usage bias, protein hydropathy and aromaticity of the 48 HEV genomes were analyzed to gain insight into the possible key determinants of HEV evolution.

2. Materials and methods

2.1. Full-length sequencing of swine HEV isolates

One fecal sample from a pig found to be infected with subtype 3c HEV (EF494703) and 2 bile samples from pigs experimentally infected with isolates of subtype 3e and 3f (EF494700 and JF718793) were selected for full-length amplification and sequencing of their HEV genomes. Total RNA was extracted from 200 μL of fecal samples in 10% PBS or bile samples using the viral QiAmp kit (Qiagen, Courtaboeuf, France) according to the manufacturer's instructions.

Reverse transcription was performed on 5 μL of total RNA using Takara PrimeScript Reverse Transcriptase in RT buffer (Ozyme, St. Quentin en Yvelines, France). The nearly full-length genomes were amplified by nested PCR using the Finnzymes Phusion® Hot Start DNA Polymerase (Ozyme, St. Quentin en Yvelines, France) according to the manufacturer's instructions with newly designed degenerate primers (Table 1). The Invitrogen 5′ and 3′ RACE system kits for Amplification of cDNA ends (Life Technologies, Villebon sur Yvette, France) were used to amplify the extreme sequences of 5′ and 3′ cDNA ends according to the manufacturer's instructions.

2.2. Sequence data

Sequence assembly was accomplished manually using the MEGA5 program (Tamura et al., 2011). The 3 newly sequenced HEV genomes from swine were deposited in Genbank under the Accession Nos. JQ953664, JQ953665 and JQ953666. For comparative analysis, 45 complete HEV genome sequences were downloaded from the National Center for Biotechnology Information (NCBI) (http://www.ncbi.nlm.nih.goc/Genbank/) and details about the viruses are given in Table 2. Sequences included in the analysis

Table 1
Primer sequences.

Primer set	Primer name	Nucleotide sequence (5′ → 3′)	Position[a]
1	HEV1F	AAGGCTCCTGGCCATWACTAC	31–50
	HEV1Fn	TACTACTGCCATHGAGCAGGC	45–65
	HEV1R	TAHGCHGCCTCNAGYCTCTT	2647–2666
	HEV1Rn	TCTTNGGRTTCTGCTCAACC	2631–2650
2	HEV2F	RTGGYTRCACCCTGAGGG	2013–2030
	HEV2Fn	GGRCAYMTYTGGGAGTCTGC	2062–2081
	HEV2R	AATGGCRCGGAACCACGG	4300–4317
	HEV2Rn	TCCTGDCCCTTCTCCACCAT	4117–4136
3	HEV3F	TGYCCYGARCTYGAGCAGG	3841–3859
	HEV3Fn	ATAGTYCAYTGYCGNATGGC	3925–3944
	HEV3R	GGCTCGCCATTGGCVGAGA	6375–6393
	HEV3Rn	GACGAAATYAATTCTGTCGGYA	6318–6339
4	HEV4F	GGTTGATTCTCAGCCCTTCG	5305–5324
	HEV4Fn	CCCTATATTCATCCAACCAACC	5330–5351
	HEV4R	AGGGAGCGCGRAAAGCAG	7158–7173
	HEV4Rn	GCTGAAGCTCAGCRAYAGTR	7096–7115
5′RACE	HEV5′R1	GTRGAGCAGGCTGAGGGGAA	913–932
	HEV5′R2	GTRTGRTAAGTGCCAGGTGG	604–624
3′RACE	HEV3′R1	GTCTCAGCCAATGGCGAGCC	6374–6393
	HEV3′R2	TCCCTTGACTGGTCTAAGGT	6707–6726

[a] Position on swine HEV (AF082843).

were genetically or epidemiologically unrelated. They were chosen as representative of their respective genotype regarding human and animal origins and country of identification. Since genotype 3 is the genotype of interest in this particular study, a larger number of sequences was included.

2.3. Phylogenetic analysis.

Alignments were carried out with ClustalW, genetic distances were calculated with the Kimura 2-parameter method and phylogenetic trees were constructed after pairwise deletion of gaps using a neighbor-joining method with a bootstrap of 1000 replicates (MEGA5, http://www.megasoftware.net) (Tamura et al., 2011). Substitution saturation of the aligned sequences was performed using Xia's test (DAMBE, http://dambe.bio.uottawa.ca/software.asp) (Xia et al., 2003).

2.4. Nucleotide composition and codon usage bias

HEV genome contains 2 overlapping ORFs. The overlapping region of ORF2 and ORF3 was duplicated in order to create a combination of ORF1–ORF3–ORF2 sequences for each of the analyzed genomes. The nucleotide composition at every codon position, the dinucleotide frequency and all codon usage analyses were calculated from the HEV combined ORFs by the CodonW program implemented via the Mobyle portal (http://mobyle.pasteur.fr). The relative synonymous codon usage (RCSU) is the observed frequency of a codon divided by the frequency expected if all synonymous codons were used equally for the amino acid in question. The effective number of codons (ENC) method was used to quantify the absolute codon usage bias of an ORF. The ENC values range from 20 to 61 with 20 representing the most biased gene when only one codon is used for each amino acid and 61 representing the most unbiased gene when all codons are evenly used for each amino acid (Wright, 1990). The frequency of G and C nucleotides at the synonymous third codon position (GC3s) was plotted against the ENC and compared with the theoretical ENC (or ENC′) resulting from a GC content which was solely responsible for the codon biases, calculated as $ENC' = 2 + GC3s + (29/[(GC3s)^2 + (1 - GC3s)^2])$. Protein hydropathy and aromaticity scores were also calculated for each individual ORFs by the CodonW program. The hydropathy score or GRAVY (grand average of hydropathy) is calculated by adding the

Résultats

Table 2
HEV sequences information.

Accession No.	Isolate name	Genotype	Host species	Country
M73218	Burma	1	Human	Burma
M94177	HeBei	1	Human	China
AF076239	Hyderabad	1	Human	India
AY230202	Morocco	1	Human	Morocco
AF051830	TK15/92	1	Human	Nepal
M74506	Mexico	2	Human	Mexico
AF060668	US1	3	Human	USA
AF082843	Meng	3	Swine	USA
FJ426403	swKOR-1	3	Swine	Korea
AB301710	JE03-1760F	3	Human	Japan
AB236320	JMNG-Oki02C	3	Mongoose	Japan
FJ527832	SAAS-JDY5	3	Swine	China
FJ998008	BB02	3	Wild-boar	German
FJ705359	wbGER27	3	Wild-boar	Germany
AB290312	swMN06-A1288	3	Swine	Mongolia
FJ998015	SA21	3	Swine	Germany
HM055578	HEV072/sw/HUN-05	3	Swine	Hungary
AB248520	HE-JA04-1911	3	Human	Japan
AB248522	swJ12-4	3	Swine	Japan
AB481226	swJB-E10	3	Swine	Japan
AB291958	JNH-EhiO4L	3	Human	Japan
EU495148	TLS25	3	Human	France
EU723512	SW626	3	Swine	Spain
EU723514	SWP6	3	Swine	Spain
EU723516	SWP8	3	Swine	Spain
EU360977	swX07-E1	3	Swine	Sweden
EU375463	Thai-swHEV07	3	Swine	Thailand
FJ956757	HEV-RKI	3	Human	Germany
AB290313	swMN06-C1056	3	Swine	Mongolia
FJ653660	CU001	3	Human	Thailand
AB220971	HE-JF3	4	Human	Japan
DQ279091	swDQ	4	Swine	China
AB108537	CCC20	4	Human	China
AY723745	INDSW0001	4	Swine	India
AB09781	swJ13-1	4	Swine	Japan
AB097812	HE-JA1	4	Human	Japan
AY535004	AvianHEV	Avian	Chicken	USA
EF206691	Avirulent-AvianHEV	Avian	Chicken	USA
AM943646	05-5492	Avian	Chicken	Hungary
GU345042	HEV-rat/R63/DEU/2009	Rat	Rat	Germany
GU345043	HEV-rat/R68/DEU/2009	Rat	Rat	Germany
FJ906896	GDC46	Rabbit	Rabbit	China
FJ906895	GDC9	Rabbit	Rabbit	China
GU937805	ch-bj-n1	Rabbit	Rabbit	China
AB602441	wbJOY-06	Divergent wild boar	Wild-boar	Japan

hydropathy value of each residue and dividing by the length of the sequence. Hydrophilic peptides have a negative score and hydrophobic peptides have a positive index (Kyte and Doolittle, 1982). The aromatic score (AROMA) gives an indication on the frequency of aromatic amino acids (Phe, Trp, Tyr) in a sequence.

The codon adaptation index (CAI) measures the deviation of a given protein coding gene sequence with respect to a reference set of genes. CAI values ranges from 0 to 1, a value of 1 indicating a total adaptation of the codon usage of the studied protein to the reference codon usage (Sharp and Li, 1987). The CAI of HEV ORFs was calculated with the online program CAI-calculator (http://genomes.urv.es/CAIcal/E-CAI/) in respect to its hosts' codon usage.

Codon usage tables for human and swine genes were downloaded from the codon usage database (http://www.kazusa.or.jp/codon/) (Nakamura et al., 2000).

2.5. Correspondence analysis

Correspondence analysis (CA) is an ordination technique that identifies major trends in the variation of the data and distributes genes along a series of orthogonal continuous axes with each subsequent axis explaining a decreasing amount of the variation (Greenacre, 2010). Each ORF is represented by a 59-dimensional vector (all codons apart from AUG, UGG and Stop codons). The results were calculated using the CodonW program implemented via the Mobyle portal (http://mobyle.pasteur.fr).

2.6. Statistical tests

Mann–Whitney U test for unpaired samples was used to compare nucleotide composition data. Student t-test for unpaired samples was used to compare RCSU data. Wilcoxon's test for paired data was used to compare CAI values. Correlation analyses were carried out using Spearman's rank correlation analysis method. All statistical analyses were performed using the online BiostaTGV protocol (http://marne.u707.jussieu.fr/biostatgv/).

3. Results

3.1. Sequence analysis

The 3 full-length HEV sequences were named FR-SHEV3c-like, FR-SHEV3e and FR-SHEV3f respectively and deposited in Genbank under Accession Nos. JQ953664, JQ953665 and JQ953666. FR-SHEV3c-like, FR-SHEV3e and FR-SHEV3f genomes were determined to be 7238, 7244 and 7249 nt in length, respectively. Analysis of the sequences showed the presence of a constant 26 nt 5′UTR, 86–94 nt 3′UTR and 3 overlapping ORFs. The ORF1 of FR-SHEV3c-like was shorter by 3 nt (in frame and coding for 1 aa) than the 5112 nt ORF1s of FR-SHEV3e and FR-SHEV3f, encoding for 1704 aa. The ORF2s were 1980 nt in length, encoding for 660 aa. The ORF3s were 366 nt in length, encoding for 122 aa. The ORF2 and ORF3 overlapped by 328 nt (Table 3).

3.2. Phylogenetic analyses

Comparative analysis with 45 complete or near-complete HEV genome sequences showed that FR-SHEV3c-like shared the highest sequence identity with swMN06-A1288 (85.1%), an HEV isolate from a swine in Mongolia, while FR-SHEV3e shared the highest sequence identity with HE-JA04-1911 (90.2%), an HEV isolate from a

Table 3
New complete HEV sequences length.

	Genome length	5′UTR position (length)	ORF1 position (length)	ORF3 position (length)	ORF2 position (length)	3′UTR position (length)
FR-SHEV3c-like	7238	1–26 (26nt)	27–5135 (5109nt; 1703AA)	5135–5500 (366nt; 122AA)	5173–7152 (1980nt; 660AA)	7152–7238 (86nt)
FR-SHEV3e	7244	1–26 (26nt)	27–5138 (5112nt; 1704AA)	5138–5503 (366nt; 122AA)	5176–7155 (1980nt; 660AA)	7155–7244 (89nt)
FR-SHEV3f	7249	1–26 (26nt)	27–5138 (5112nt; 1704AA)	5138–5503 (366nt; 122AA)	5176–7155 (1980nt; 660AA)	7155–7249 (94nt)

81

J. Bouquet et al./Infection, Genetics and Evolution xxx (2012) xxx-xxx

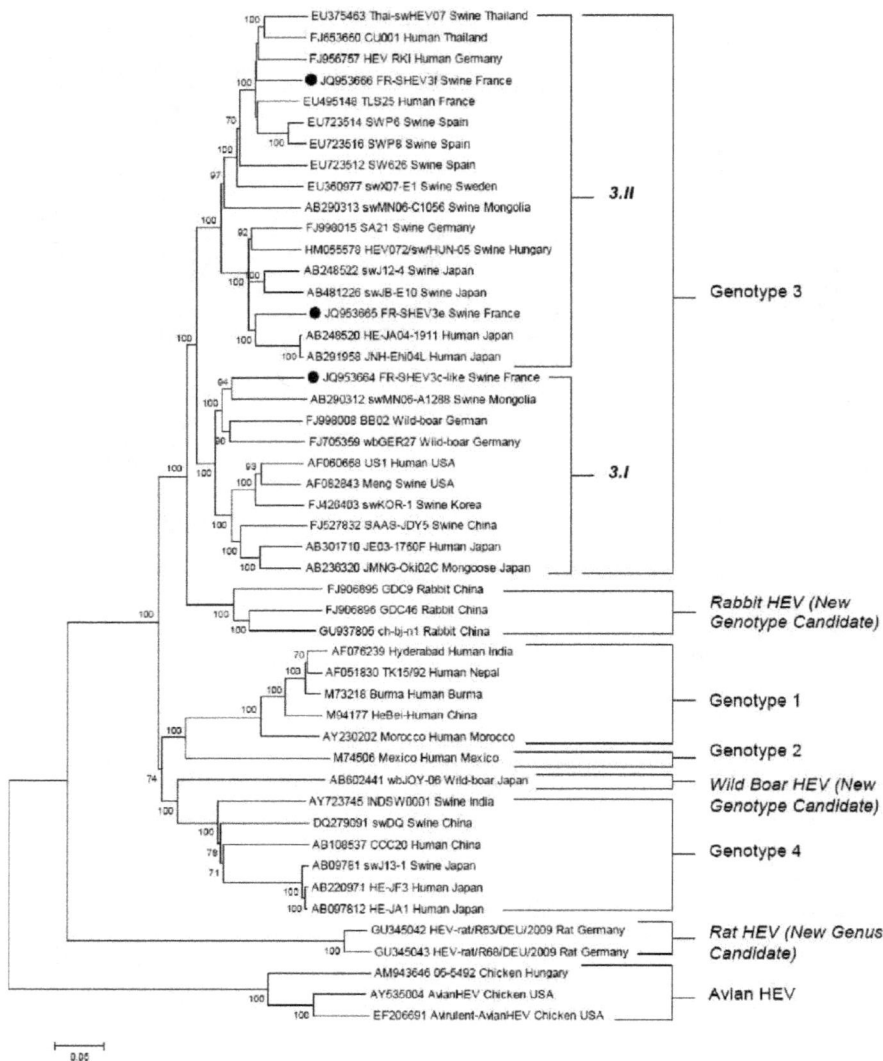

Fig. 1. Phylogenetic tree of 48 complete HEV sequences. Tree constructed by the neighbor-joining method, based on the Clustal W alignment of 45 HEV isolates retrieved from Genbank and 3 new HEV genomes sequenced in this study (black dots). Bootstrap values obtained from 1000 replicates and over 70% are indicated at each node. Potential genotypes and branches are also indicated.

human patient in Japan and FR-SHEV3f with TLS-25 (90.9%), an HEV isolate from a human patient in France (see Appendix 1 for the full table of sequence identities). Alignment of HEV genomes chosen in this study showed only little substitution saturation

(Iss = 0.18 < Iss.c = 0.82; $p < 1.10^{-4}$). This result allowed performing further analysis based on the phylogenetic tree. The phylogenetic tree (Fig. 1) showed that genotypes 1–4 and the avian genotype, as well as the new genotype candidates of HEV from rat, rabbit

J. Bouquet et al./ Infection, Genetics and Evolution xxx (2012) xxx–xxx

and wild boar were separated into corresponding lineages (Zhao et al., 2009; Johne et al., 2010; Meng et al., 2011; Takahashi et al., 2011). FR-SHEV3e and FR-SHEV3f clustered within genotype-3, in subtypes 3e and 3f, respectively, according to the classification of Lu et al. (2006).

Although partial subtyping showed a closer phylogenetic relation of FR-SHEV3c-like with subtype 3c as defined by Lu et al. (89.1% identity with AF336290), its full-length sequence clustered with 1 isolate of undefined subtype and 2 isolates that had been previously classified in subtype 3i (Adlhoch et al., 2009; Schielke et al., 2009). Subtypes clusters were partly established on short sequences and do not properly support the classification of new full-length sequences (Lu et al., 2006). Nonetheless, upon observation of various phylogenetic trees (Schlauder and Mushahwar, 2001; Lu et al., 2006; Purdy and Khudyakov, 2010), one common feature seems to arise within genotype 3. It would appear that genotype 3 follows 2 evolutionary branches with subtypes 3a, 3b, 3c and 3i on one side (3.I) and subtypes 3e and 3f on the other (3.II).

3.3. Nucleotide composition

Nucleotide composition was calculated for all HEV ORFs included in this study. Nucleotides G and T(U) were distributed at random (~25% of each). Nucleotide A was under-represented, whereas C was over-represented. (Fig. 2). Composition in nucleotides A, C, and T(U) were significantly different between human and zoonotic genotypes ($p < 0.01$), but there were no differences in G content between human and zoonotic genotypes ($p > 0.05$). No major differences were observed between nucleotides at different codon positions.

Nucleotide composition of the hypervariable region (HRV) located in the ORF1 and the overlapping region of ORF2 and ORF3 (ORF2/3 OLR) were also analyzed separately (Fig. 2). Nucleotide G was favored at the 1st codon position, nucleotide C composition is very highly favored at the 2nd codon position in the HRV and nucleotide T(U) is favored at the 3rd codon position. The A/C bias observed in all ORFs was even higher in the overlapping ORF2/3 region (average A: 12% vs 17% ; average C: 39% vs 30%).

3.4. Dinucleotide frequencies

Dinucleotide bias was calculated for all HEV ORFs included in this study. AA dinucleotides were found to be under-represented [0.027–0.032%], while CC dinucleotides were over-represented [0.092–0.114] compared to a random distribution ($1/16 = 0.0625$) (Table 4). These values were not surprising since A only accounted for 18.4% of all nucleotides in HEV, while C was favored in HEV genomes (29.5%). The values of observed dinucleotide frequencies relative to their expected frequencies (i.e. the product of frequencies of their individual nucleotides, ρNN) were also calculated. Values of ρAA and ρCC were close to 1, showing that their respective single nucleotide frequencies were predictive of their observed dinucleotide frequencies. On the other hand, although TC, CG and TG observed frequencies were close to a random distribution, ρTC, ρCG and ρTG were the most biased dinucleotides (Table 4). No dinucleotides was found to be biased significantly (ρ∗>1.23 or <0.78).

3.5. Mutation pressure versus codon selection

To understand the relation between nucleotide composition and codon bias of HEV sequences, the values of effective number of codons (ENC) were plotted against the percentage of GC at the third codon position (GC3s) (Fig. 3). ENC values ranged from 48.5 to 53.9, revealing a weakly biased codon usage. HEV sequences of genotypes 1 had a codon usage that was significantly more biased than other genotypes (Student t-test; $p = 1.3 \times 10^{-9}$). There were no significant differences in ENC values between the 2 major branches within genotype 3.

The values of ENC plotted against those of GC3s were compared to the curve of expected ENC values if nucleotide composition was the only factor influencing codon bias. None of the observed ENC values were located on the curve of the theoretical ENC values. Therefore, nucleotide composition was not solely due to codon bias. Mutation pressure must also influence codon selection.

Values of GC12s and GC3s of all HEV ORFs correlated ($r = 0.45$; $p < 0.004$) weakly. These results suggest that mutational pressure

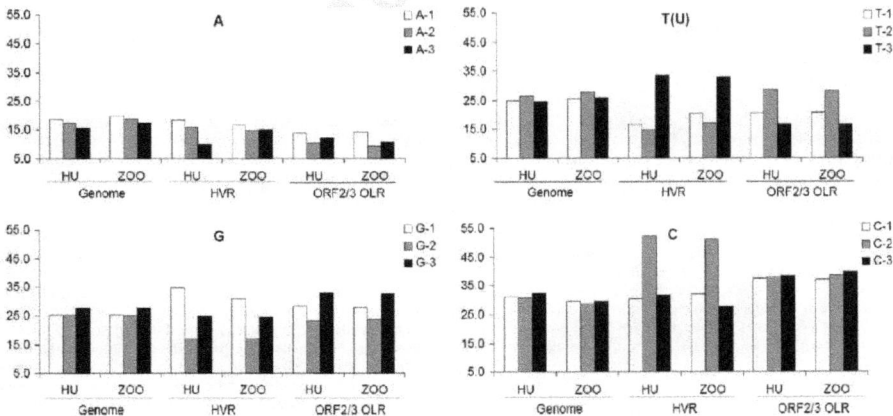

Fig. 2. Nucleotide composition of HEV ORFs depending on genotypes. Frequency of A, T(U), G and C is given at each codon position. Values of nucleotide composition for Human (HU) and zoonotic (ZOO) genotypes are displayed. Values of nucleotide composition for the entire HEV genome, the hypervariable region (HVR) and the overlapping region of ORF2 and ORF3 (ORF2/3 OLR).

Table 4
Dinucleotide frequency (A) and dinucleotide bias (B) of HEV sequences depending on genotypes.

(A)	TT	TC	TA	TG	CT	CC	CA	CG	AT	AC	AA	AG	GT	GC	GA	GG
Genotype 1	0.065	0.068	0.038	0.079	0.082	**0.114**	0.056	0.070	0.046	0.051	**0.027**	0.042	0.057	0.090	0.045	0.070
Genotype 2	0.072	0.062	0.037	0.082	0.079	**0.100**	0.061	0.065	0.045	0.052	**0.031**	0.047	0.057	0.091	0.046	0.073
Genotype 3.I	0.068	0.062	0.045	0.083	0.078	**0.100**	0.058	0.062	0.051	0.053	**0.031**	0.046	0.061	0.083	0.047	0.072
Genotype 3.II	0.069	0.062	0.046	0.080	0.080	**0.101**	0.058	0.062	0.051	0.054	**0.032**	0.048	0.058	0.082	0.049	0.069
Genotype 4	0.071	0.066	0.045	0.083	0.082	**0.092**	0.057	0.064	0.051	0.052	**0.031**	0.046	0.062	0.083	0.047	0.069
(B)	ρTT	ρTC	ρTA	ρTG	ρCT	ρCC	ρCA	ρCG	ρAT	ρAC	ρAA	ρAG	ρGT	ρGC	ρGA	ρGG
Genotype 1	1.02	**0.84**	0.89	**1.21**	1.03	1.13	1.03	0.85	1.06	0.94	0.92	0.96	0.86	1.09	1.02	1.03
Genotype 2	1.11	0.81	0.80	**1.21**	1.04	1.12	1.13	0.82	0.98	0.96	0.95	0.98	0.84	1.15	0.96	1.03
Genotype 3.I	1.00	**0.81**	0.93	**1.22**	1.02	1.18	1.08	0.81	1.05	0.98	0.90	0.96	0.89	1.09	0.96	1.06
Genotype 3.II	1.02	**0.81**	0.93	**1.19**	1.04	1.17	1.05	0.82	1.03	0.98	0.92	0.99	0.86	1.09	1.02	1.03
Genotype 4	0.98	0.86	0.92	**1.18**	1.05	1.11	1.08	0.85	1.04	1.00	0.93	0.96	0.88	1.11	0.99	1.01

Extreme dinucleotide frequencies and biases are shown in bold.

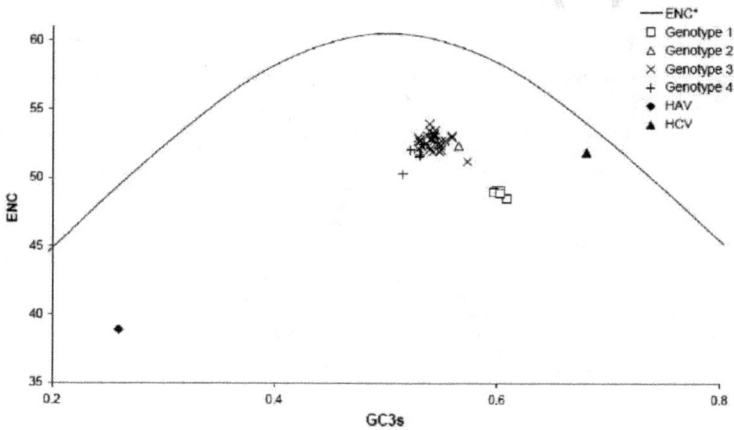

Fig. 3. Effect of nucleotide composition on codon usage bias of HEV sequences. Distribution of the effective number of codon (ENC) values and GC frequency at 3rd codon position (GC3s) compared with theoretical ENC (ENC*). HEV isolates of genotype 1 are indicated by white squares, genotype 2 by a white triangle, genotype 3 by diagonal crosses and genotype by vertical crosses. Hepatitis A virus is indicated by a black diamond and Hepatitis C virus by a black triangle corresponding to previously published data (Jenkins and Holmes, 2003).

significantly contributes to the codon usage bias in HEV strains, but that additional factors contribute as well to this bias, such as fine-tuning translation kinetics and escape from the cells' immune response.

3.6. Relative synonymous codon usage

The relative synonymous codon usage (RSCU) values of each codon of the 48 HEV complete coding sequences indicated that all abundant codon were U/C ended (Table 5). Zoonotic genotypes 3 and 4 HEV had a preference for U-ended codons, whereas human genotypes 1 and 2 HEV had a slight preference for C-ended codons. Human and swine genes had RCSU values indicating a bias towards C-ending codons.

3.7. Codon adaptation index of HEV in human and in swine

The codon adaptation index (CAI) was calculated for each HEV ORFs (Table 6). The CAI values of all ORFS were >0.5, which indicates that the codon usage of HEV is well adapted to its hosts.

Differences of CAI between the different ORFs were non-significant. CAI of HEV was significantly lower in swine compared to human ($p < 0.05$). Genotypes 1–2 and 3–4 presented non-significant differences of CAI values between human and swine.

3.8. Correspondence analysis

For large multi-dimensional datasets, correspondence analysis (CA) allows a reduction in the dimensionality of the data to enable efficient visualization of most of the variation. CA was used on the RCSU values of the different HEV sequences studied in this work. Projection of HEV codon usage onto the 2 first axes after CA revealed that HEV genotypes had different codon usage biases (Fig. 4A). Each genotype formed a different cluster on the CA chart. Codon usage bias did not depend on the host of the HEV isolate or on its geographical origin (Fig. 4B and C). Genotype 1 HEV had a codon usage distinct from the 3 other genotypes. Codon usage of genotype 2 isolate is closer to those of genotypes 3 and 4, which might reveal a closer phylogenetic relationship or a closer evolution between genotype 2 and genotypes 3 and 4 than with genotype 1.

Résultats

Table 5
Relative synonymous codon usage of HEV sequences and human and swine genes.

	Genotype 1	Genotype 2	Branch 3.I	Branch 3.II	Genotype 4	Human genes	Swine genes
UUU(F)	0.99	**1.19**	1.04	**1.08**	**1.22**	0.93	0.79
UUC(F)	**1.01**	0.81	0.96	0.92	0.78	**1.07**	**1.21**
UUA(L)	0.25	0.4	0.46	0.52	0.36	0.46	0.32
UUG(L)	0.77	0.92	**1.05**	1.01	0.72	0.77	0.67
CUU(L)	1.57	1.46	**1.57**	1.49	**1.93**	0.79	0.65
CUC(L)	**1.72**	**1.49**	1.09	1.19	1.28	1.17	1.35
CUA(L)	0.5	0.47	0.45	0.56	0.5	0.43	0.33
CUG(L)	1.18	1.26	1.39	1.21	1.21	**2.37**	**2.68**
AUU(I)	1.3	**1.44**	1.37	1.32	1.41	1.08	0.91
AUC(I)	1.2	0.91	0.93	0.91	0.95	**1.41**	**1.67**
AUA(I)	0.51	0.66	0.7	0.77	0.64	0.51	0.42
AUG(M)	1	1	1	1	1	1	1
GUU(V)	**1.41**	**1.42**	**1.47**	**1.46**	**1.53**	0.72	0.57
GUC(V)	1.24	1.15	1.06	1.25	1.22	0.96	1.06
GUA(V)	0.24	0.27	0.33	0.25	0.22	0.47	0.34
GUG(V)	1.1	1.15	1.14	1.04	1.02	**1.85**	**2.03**
UCU(S)	**1.71**	**1.53**	**1.81**	**1.9**	**1.86**	1.12	0.99
UCC(S)	1.67	1.66	1.31	1.32	1.19	**1.31**	**1.50**
UCA(S)	0.66	0.76	0.88	0.66	0.82	0.90	0.72
UCG(S)	0.94	0.9	0.84	0.84	0.94	0.33	0.39
CCU(P)	1.2	**1.21**	**1.33**	**1.23**	**1.34**	1.15	1.05
CCC(P)	**1.23**	1	1.15	1.12	0.98	**1.30**	**1.46**
CCA(P)	0.55	0.72	0.62	0.74	0.79	1.11	0.94
CCG(P)	1.01	1.06	0.9	0.91	0.89	0.45	0.55
ACU(T)	1.05	**1.48**	1.23	**1.42**	**1.46**	0.98	0.83
ACC(T)	**1.95**	1.25	**1.33**	1.3	1.26	**1.42**	**1.68**
ACA(T)	0.59	0.92	0.86	0.83	0.89	1.14	0.91
ACG(T)	0.41	0.35	0.58	0.44	0.4	0.46	0.57
GCU(A)	1.2	1.15	**1.33**	1.27	**1.33**	1.06	0.95
GCC(A)	**1.96**	**1.68**	**1.65**	**1.58**	**1.47**	**1.60**	**1.80**
GCA(A)	0.38	0.45	0.5	0.52	0.55	0.91	0.74
GCG(A)	0.47	0.71	0.52	0.63	0.65	0.43	0.51
UAU(Y)	0.99	**1.16**	1.1	**1.17**	1.11	0.89	0.73
UAC(Y)	**1.01**	0.84	0.9	0.83	0.89	**1.11**	**1.27**
UAA(*)	**	**	**	**	**	**	**
UAG(*)	**	**	**	**	**	**	**
CAU(H)	1.08	0.91	**1.13**	1.04	1.09	0.84	0.71
CAC(H)	0.92	1.09	0.87	0.96	0.91	1.16	1.29
CAA(Q)	0.31	0.44	0.4	0.44	0.35	0.53	0.44
CAG(Q)	**1.69**	**1.56**	**1.6**	**1.56**	**1.65**	**1.47**	**1.56**
AAU(N)	1.18	1.2	1.09	1.1	1.16	0.94	0.79
AAC(N)	0.82	0.8	0.91	0.9	0.84	1.06	1.21
AAA(K)	0.37	0.54	0.62	0.56	0.69	0.87	0.76
AAG(K)	**1.63**	**1.46**	**1.38**	**1.44**	**1.31**	**1.13**	**1.24**
GAU(D)	0.99	1	**1.18**	1.12	1.24	0.93	0.80
GAC(D)	1.01	1	0.82	0.88	0.76	1.07	1.20
GAA(E)	0.28	0.4	0.44	0.39	0.36	0.85	0.73
GAG(E)	**1.72**	**1.6**	**1.56**	**1.61**	**1.64**	1.15	1.27
UGU(C)	0.82	1	0.84	0.88	**1.15**	0.91	0.78
UGC(C)	**1.18**	1	**1.16**	**1.12**	0.85	**1.09**	**1.22**
UGA(*)	**	**	**	**	**	**	**
UGG(W)	1	1	1	1	1	1	1
CGU(R)	1.33	1.25	**1.73**	**1.79**	**1.78**	0.48	0.44
CGC(R)	**2.54**	**2.16**	**2.04**	**2.08**	**1.87**	1.10	**1.31**
CGA(R)	0.23	0.44	0.39	0.51	0.4	0.66	0.61
CGG(R)	1.23	1.48	1.1	0.74	1.38	1.21	1.29
AGU(S)	0.49	0.38	0.54	0.63	0.45	0.90	0.77
AGC(S)	0.52	0.76	0.62	0.65	0.73	**1.44**	**1.62**
AGA(R)	0.15	0.13	0.15	0.27	0.11	1.29	1.12
AGG(R)	0.52	0.54	0.59	0.61	0.46	1.27	1.23
GGU(G)	1.07	1.22	1.25	1.15	1.28	0.65	0.57
GGC(G)	**1.92**	**1.74**	**1.57**	**1.63**	**1.6**	**1.35**	**1.46**
GGA(G)	0.13	0.17	0.26	0.23	0.15	1	0.91
GGG(G)	0.87	0.87	0.92	0.98	0.97	1	1.05

Favored codons are shown in bold.

Table 6
Codon adaptation index of HEV ORFs in human and swine.

HEV	Host	CAI		
		ORF1	ORF2	ORF3
Genotypes 1 and 2	Human	0.697	0.678	0.695
	Swine*	0.604	0.588	0.631
Genotypes 3 and 4	Human	0.692	0.679	0.695
	Swine	0.603	0.584	0.644

* Hypothetic situation.

However, the RCSU values for genotype 2 in the ORF3 alone are closer to those of genotype 1 (Fig. 5). The restriction of genotype 1 and 2 infection to humans could thus maybe be determined by the ORF3.

Within genotype 3, HEV sequences of subtypes 3e and 3f formed distinct clusters as compared to subtypes 3a, 3b, 3c and 3i (Fig. 6). The latter subtypes appear to be ill-defined in relation to the respective RCSU values.

3.9. Peptide hydropathy and aromaticity

Hydropathy (GRAVY) and aromatic (AROMA) scores of each HEV ORFs were calculated (Table 7). GRAVY of the ORF1 and ORF2 were negative indicating a majority of hydrophilic amino acids in the sequence. GRAVY of the ORF3 was positive indicating that the protein is rather hydrophobic. GRAVY scores of human and zoonotic genotypes were significantly different. A random distribution of codons would give an AROMA around 0.078. Aromatic scores of ORF1 and ORF2 (0.088 and 0.076 respectively) were close to a random distribution. The ORF3 of human and zoonotic genotypes had an AROMA lower than expected (0.042 and 0.039, respectively). There were no differences in AROMA between human and zoonotic genotypes ($p > 0.05$).

3.10. Factors influencing codon bias

Correlation analysis of the correspondence analysis values with the GC3s content, the ENC values, the GRAVY and the AROMA scores was performed (Table 8). The GC content at the 3rd codon position and the frequency of aromatic residues of the HEV ORFs did not correlate with the correspondence analysis values. The overall GC content, ENC values and GRAVY scores correlated significantly with the codon bias of the HEV sequences studied here (Table 8).

4. Discussion

New full-length sequences are necessary to study host species determinants of HEV. Previous study of human and swine HEV isolates in France used sequences of only 306 nt (Bouquet et al., 2011). Even though they were amplified from a region reflecting the phylogeny of full-length sequences, they were not predictive of sequence insertions or mutations that might have occurred in the full-length sequence of isolates from different host species. The 3 new HEV full-length sequences from swine in this study are informative in regard to isolates from human belonging to the same genotype and subtype. FR-SHEV3f is the closest to TLS25 (EU495148), a human isolate. TLS25 contains an insertion of 87 nt situated in the hyper-variable region of ORF1, but this insertion is not predictive of the host species it was isolated from, since it has also been discovered in swine HEV from Spain (EU723514, EU723515 and EU723516). FR-SHEV3c-like was short

Résultats

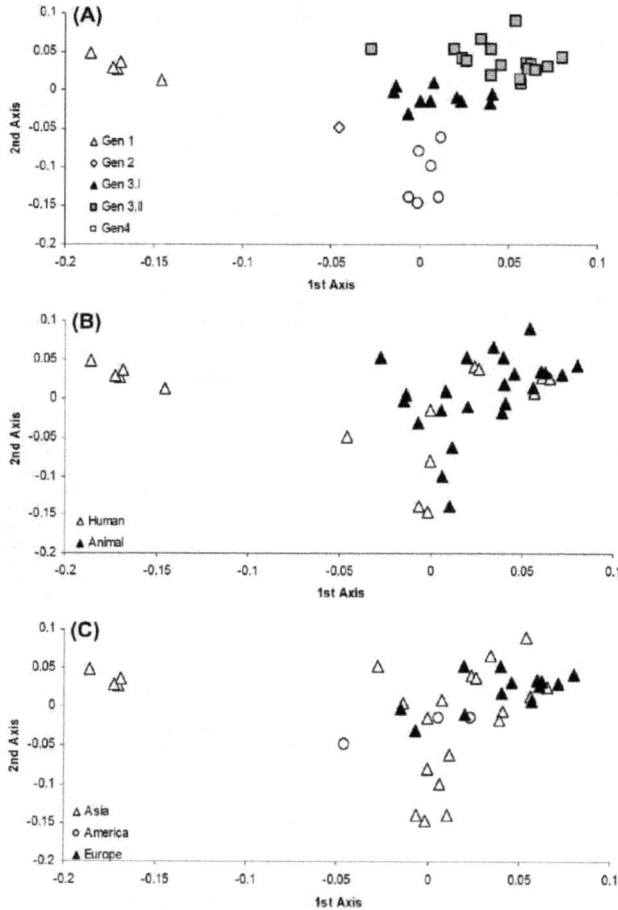

Fig. 4. Correspondence analysis of the codon usage patterns of HEV genotypes 1–4. Positions of 39 HEV sequences in the plot of the 2 first major axes by correspondence analysis (CA) of relative synonymous codon usage (RCSU). The first and second axes account for 23.2% and 13.8% of the total variation respectively. (A) HEV ORFs are displayed according to their genotype: genotype 1 isolates are indicated by a white triangle, genotype 2 by a white diamond, genotype 3 branch I by a black triangle, genotype 3 branch II by a grey square and genotype 4 by a white circle. (B) HEV ORFs are displayed according to their host species: human isolates are indicated by a white triangle and isolates from animals other than primates by a black triangle. (C) HEV ORFs are displayed according to their continent of isolation: Asian isolates are indicated by a white triangle, American isolates by a white circle and European isolates by a black triangle.

of one amino acid in the ORF1 as compared to FR-SHEV3e and FR-SHEV3f. This deletion is common amongst sequences of genotype 3 branch II. In this case sequence insertions/deletions were not related to any host species determinant. A recent study established the full genomic adaptation of subtype 3f HEV to both human and swine (Bouquet et al., 2012). Subtype 3f HEV might not require any mutations to readily infect both human and swine, but there is as yet no general information on the evolution patterns of zoonotic HEV.

Investigation of nucleotide composition and codon usage bias is another way of studying the evolution of HEV.

When comparing the frequency of the 4 nucleotides in all HEV genotypes, G and T(U) were found to be distributed at random, while A and C were biased. Frequency of A was found to be as low as 15% and Frequency of C as high as 33%. This is surprising, since most RNA viruses display higher A frequencies and lower C frequencies (Auewarakul, 2005). The reasons for this bias still have to be determined. Hepatitis C virus, GB-virus C and Rubella virus

J. Bouquet et al. / Infection, Genetics and Evolution xxx (2012) xxx–xxx

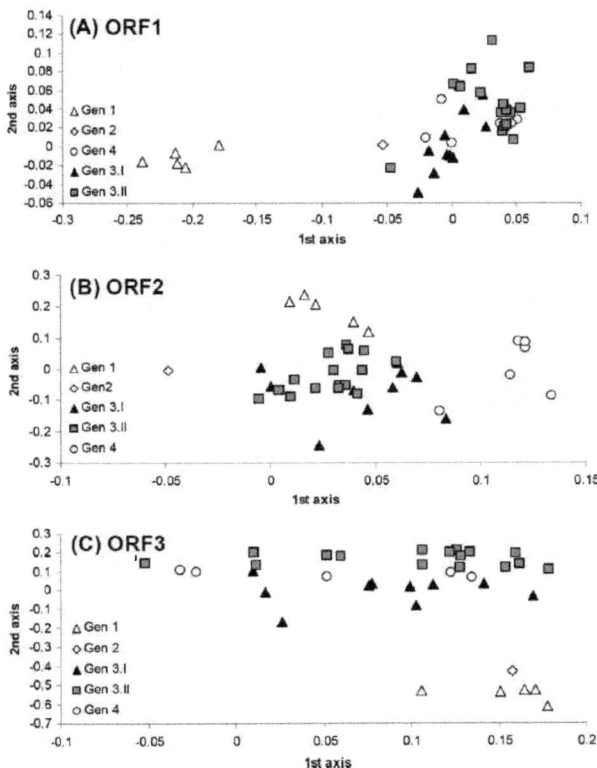

Fig. 5. Correspondence analysis of the codon usage patterns of HEV genotypes 1–4 depending on the ORF. Positions of 39 HEV sequences in the plot of the 2 first major axes by correspondence analysis (CA) of relative synonymous codon usage (RCSU). HEV ORFs are displayed according to their genotype: genotype 1 isolates are indicated by a white triangle, genotype 2 by a white diamond, genotype 3 branch I by a black triangle, genotype 3 branch II by a grey square and genotype 4 by a white circle.

share the same nucleotide bias with HEV (Auewarakul, 2005). These 4 viruses might have shared a common ancestor or a common host in which adaptation required this A/C bias.

Nucleotide composition is not constant along the genome. The HVR in the ORF1 presents a very high bias towards C, especially at the 2nd codon position. The HVR has also been described as a polyproline rich region (Purdy, Dell'amico, et al., 2012). Proline residues represent 23% of all amino acids in this region and is encoded by CCN codons. Serine and alanine are also highly represented in this region, 13.5% and 10.8%, respectively. These 3 amino acids account for the high G-1, C-2 and T-3 observed. Proline, serine and alanine are polar and charged amino acids that have been suggested to be found at the surface of the protein encoded by the hypervariable region. It has proposed that the polyproline rich region corresponds to a peptide involved in protein–protein interactions, which regulates viral replication (Purdy, Dell'amico, et al., 2012). Although this region is described as hypervariable, the presence of a high density of sites with convergent evolution in zoonotic genotypes suggests the operation of recurrent selection

pressures on this particular region of ORF1, which could be related to shuttling HEV infection among various susceptible host species in order to retain its function (Purdy, Dell'amico, et al., 2012). The finding of recurrent selection pressures in this region is consistent with the high nucleotide bias between all codon positions of this region observed in this study.

The overlapping region of ORF2 and ORF3 also presents a particular nucleotide bias, with low A frequencies and high C frequency. An A/C bias is observed along all ORFs. The ORF2/3 OLR is thus subjected to a double bias from the 2 ORFs, which probably accounts for the higher A/C bias observed.

Overall, the pattern of nucleotide bias in the combined ORFs was similar when 1st, 2nd and 3rd codon positions were analyzed. This suggests that mutation pressure is likely to be the cause of nucleotide bias.

Mutation pressure also explains the extreme frequencies of AA and CC dinucleotides. On the other hand, TC, CG and TG were biased compared to the relative frequency of their respective nucleotides. CG bias is in accordance with what has previously

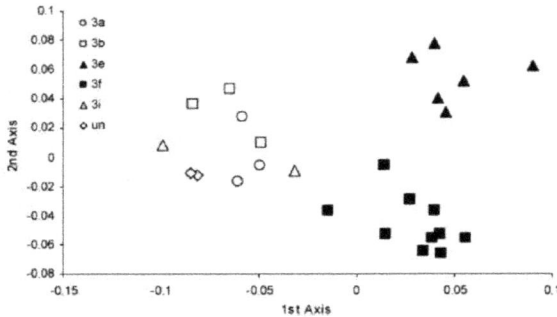

Fig. 6. Correspondence analysis of the codon usage patterns of genotype 3 subtypes of HEV. Positions of 27 HEV sequences in the plot of the 2 first major axes by correspondence analysis (CA) of relative synonymous codon usage (RCSU). The first and second axes account for 15.6% and 14.1% of the total variation, respectively. HEV ORFs are displayed according to their subtype: subtype 3a isolates are indicated by a white circle, subtype 3b by a white square, subtype 3e by a black triangle, subtype 3f by a black square, subtype 3i by a white triangle and 2 sequences of undetermined subtype within genotype 3 by a white diamond. HEV ORFs of genotype 3 branch I are displayed in white and HEV ORFs of genotype 3 branch II are displayed in black.

Table 7
Hydropathic and aromatic scores of HEV ORFs.

	ORF1		ORF2		ORF3	
	GRAVY	AROMA	GRAVY	AROMA	GRAVY	AROMA
Genotypes 1 and 2	−0.067	0.088	−0.201	0.075	0.347	0.042
Genotypes 3 and 4	−0.088	0.088	−0.240	0.076	0.470	0.039
	$p < 0.01$	NS	$p < 0.001$	NS	$p < 0.001$	NS

Table 8
Correlation analysis of the correspondence analysis values of HEV codon bias with GC3s, ENC, hydrophobic and aromatic scores.

	GC	GC3S	ENC	GRAVY	AROMA
CA values (1st axis)	0.410	0.304	−0.796	0.645	0.057
	$p < 0.01$	$p > 0.05$	$p < 0.001$	$p < 0.001$	$p > 0.05$

been found in one HEV sequence (Karlin et al., 1994). Cytosines in CG dinucleotides, or CpG, are methylated in mammalian DNA to turn a gene off. Unmethylated CpG in the DNA from infectious agents can be detected by Toll-Like Receptor 9 (TLR 9) on plasmacytoid dendritic cells and B cells in humans. Most DNA viruses with small genomes, as well as retroviruses, have a CpG content which falls below expected values, as a way of escaping the host immune response (Zsíros et al., 1999; Shackelton et al., 2006). However, RNA viruses with no DNA intermediate have also been reported to have low CpG content (Auewarakul, 2005; Woo et al., 2007; Greenbaum et al., 2008; D' Andrea et al., 2011). No receptors have yet been shown to detect unmethylated RNA, but it has been suggested that RNA viruses evolve by mimicking their host's genes and corresponding mRNAs so that they can avoid immune detection (Greenbaum et al., 2008). Since human and pigs are both mammals, they display similar CpG mechanisms. Consequently, no adaptation of HEV CpG frequency is required when switching from swine to human.

Codon bias in RNA viruses is generally low (Jenkins and Holmes, 2003). The ENC value of one HEV sequence had previously been reported as being 48.2 (Jenkins and Holmes, 2003). This is consistent

with our findings for genotype 1 HEV. Other genotypes displayed higher ENC values ranging from 50.3 to 53.9. These values are consistent with what has been found for hepatitis C virus (51.9), but higher than for hepatitis A virus (38.9) (Jenkins and Holmes, 2003) (Fig. 3). The different values of codon usage bias observed are thus not related to the type of cells infected or the mode of transmission. Low codon usage bias is advantageous to viruses that replicate in different cell types with potentially distinct codon preferences. Even though codon preferences of human and swine are very close, lower codon usage bias was observed for zoonotic HEV. Upon comparison of RCSU values, genotype 1 HEV has codon preferences closer to human and swine genes compared to the 3 other genotypes.

The CAI calculated with the general codon usage table of human and swine were >0.5 which indicates a good adaptation of HEV to its hosts. Even though, the synonymous codon usage differs significantly between the tissues, this variability is weak accounting for only 2.3% of the total synonymous codon usage variability in human (Sémon et al., 2006). Thus, the general codon usage table used for the calculation of HEV CAI in human cells should correspond to values calculated with the codon usage table of genes expressed in the liver, which are not currently available. Moreover, CAI is thought to correlate with the level of gene expression. This has been confirmed in human tissues. The tRNA adaptation index in the liver has been calculated from the general codon usage table and correlated well with the gene expression level (Waldman et al., 2010). Therefore, it can be assumed that gene expression of HEV of human and zoonotic genotypes is very well adapted to translational kinetics in human. Because of a lack of studies on the codon adaptation of swine genes, it can only hypothesized that the general codon usage table should resemble, like human genes, to the codon usage table of genes expressed in the liver and correlate to translational efficiency. The reason behind the lower CAI of HEV in swine could be that the approximation made from the general codon usage table is not appropriate for this host species. However, the CAI values of HEV in swine are still high in comparison to CAI values of wild type hemagluttinin sequences from the Influenza virus (0.255 ± 0.020), but lower than the same optimized sequences (0.811 ± 0.013) (Mani et al., 2011).

In order to better visualize the extent of the numerous RCSU values, correspondence analysis (CA) was performed. Segregation of

Résultats

HEV sequences by CA of RCSU corresponded to their genotypic classification. Codon preferences correlated with sequence homologies and genotypic segregation was obtained along the 2 first axes of the CA. Interestingly, the 2 phylogenetic branches of genotype 3 clearly segregated as well. This latter observation was also seen in Fig. 5 in which subtypes 3a, 3b, 3i and undefined did not segregate along either of the CA axes, but formed a cluster corresponding to phylogenetic branch 3.I, whereas subtypes 3e and 3f formed another cluster corresponding to phylogenetic branch 3.II. Unlike cardioviruses for which codon preferences of isolates are geography specific (Liu et al., 2011), and unlike Influenza viruses for which RCSU are host dependent (Wong et al., 2010), host species or regions of isolation were not predictive of the RCSU of HEV. It should be noted that the RCSU values of the genotype 2 ORF1 are closer to zoonotic genotypes, revealing a close evolutionary relationship of this region. In contrast, the values for the genotype 2 ORF3 are closer to those of genotype 1, which could be linked to host species determinants within this later region. However, a recent study based on the evolutionary analysis of the polyproline-rich region from the ORF1, revealed the implication of this particular region in viral adaptation to different hosts (Purdy et al., 2012). It is probable that host species determinants are polygenic. Surveillance may be required to detect any evolution of HEV genotype towards zoonosis.

The hydropathy of the ORFs of human and zoonotic HEV genotypes was significantly different. Changes in the hydropathy of a protein might alter its interactions with cellular factors. A higher adsorption of a virus to its host cell can be linked to a higher virulence. The modification of a single amino acid putatively involved in the interaction of the virus with the cell membrane resulted in a reduction in adsorption of the Japanese encephalitis virus and in its loss of neurovirulence (Chen et al., 1996). The differences in hydropathy of HEV proteins between human and zoonotic genotypes could be linked to the higher virulence observed of genotype 1 (Emerson and Purcell, 2003). On the other hand, no difference in the frequency of aromatic residues could be observed between human and zoonotic genotypes. Aromatic amino acids support interactions of the secondary and tertiary structure of self-assembling peptides (Doran et al., 2012), which could explain their relative conservation across all genotypes.

ENC values correlate with the CA values. Since CA was performed on RCSU values, both ENC and RCSU are different measures of the codon bias. The correlation is not perfect since ENC represents an oversimplification of the codon bias and that only the 1st axis of CA values was considered. CA values did not correlate with GC3s, whereas it correlated with the overall GC content. Mutational pressure rather than natural selection plays a role in shaping HEV nucleotide composition. However, natural selection seems to play a major role in shaping the codon composition as observed by the correlation of CA values with the hydropathy of the proteins. CA values did not correlate with frequency of aromatic residues, which shows that aromatic residues alone do not play a major role in shaping the codon bias, but that all amino acids are involved in the bias. Consequently, there is a balance between the mutational pressure exerted on HEV nucleotide sequences and the natural selection shaping HEV amino acids sequences.

Subtyping is a useful method for studying viral distribution in different populations (Rutjes et al., 2009; Bouquet et al., 2011; Widén et al., 2011; Liu et al., 2012), but has also been shown to useful for predicting the outcome of a treatment for HCV (Cheva-liez et al., 2009), or to determine whether HAV infection is endemic or imported (Robertson et al., 1992). However, there is as yet no consensus on HEV classification and the most comprehensive classification to date (Lu et al., 2006) is beginning to show its limits.

Although FR-SHEV3c-like partial sequence from the 5′ end of ORF2 showed a maximum homology of 89.1% with 2 sequences described as subtype 3c, its full-length sequence now reveals a maximum homology of 85–87% with isolates described as belonging to subtypes 3a, 3b, 3g, 3i or undefined. Lu et al. defined subtypes within genotypes 3 and 4 by 12.1–18% nucleotide differences over complete sequences (Lu et al., 2006). FR-SHEV3c-like sequence homologies fall into the range of subtype classification with a number of sequences of various subtypes, making classification by Lu et al. impossible in this case (Lu et al., 2006).

The ICTV has recognized 4 major genotypes for HEV (Meng et al., 2011), but it is beyond the limit of the ICTV to extend classification proposals below the level of species. However, taking HCV as an example (Simmonds et al., 2005), a standardized arrangement could be proposed.

In the light of a subtype classification of genotype 3 HEV that is no longer adapted to the new fully sequenced isolates, and until a consensus proposal has been made for a unified system for HEV nomenclature, designation of genotype 3 sub-classification could be divided into the 2 major phylogenetic branches observed in this study as well as in previous HEV classifications (Schlauder and Mushahwar, 2001; Lu et al., 2006; Purdy and Khudyakov, 2010) and named here: branch 3.I (subtypes 3a, 3b, 3c, 3i, 3g and undefined) and branch 3.II (3e and 3f).

It has previously been demonstrated that mutation pressure rather than natural selection is the most important determinant of codon bias in RNA viruses (Jenkins and Holmes, 2003). HEV is not an exception, but even though its codon bias is mainly explained by its nucleotide composition, other pressures than mutational must have been at work to cause the peculiar under-representation of CpG dinucleotides or on the changes of protein hydropathy. In vitro experimentations of the pressure exerted by natural selection, such as fine-tuning translational kinetics or escape from the immune system, should be investigated further if we are to fully understand HEV evolution. Finally, HEV subtyping classification should be reconsidered in regards to the newly sequenced HEV genomes.

Acknowledgments

J.B. was supported by a PhD Grant from the ANSES. This study was supported by the Agence Nationale de la Recherche, France (Grant ANR-07-PNRA-008_HEVZOONEPI).

Appendix A. Supplementary data

Supplementary data associated with this article can be found, in the online version, at http://dx.doi.org/10.1016/j.meegid.2012.07.021.

References

Adlhoch, C., Wolf, A., Meisel, H., Kaiser, M., Ellerbrok, H., Pauli, G., 2009. High HEV presence in four different wild boar populations in East and West Germany. Vet. Microbiol 139, 270–278.
Auewarakul, P., 2005. Composition bias and genome polarity of RNA viruses. Virus Res. 109, 33–37.
Bouquet, J., Tessé, S., Lunazzi, A., Eloit, M., Rose, N., Nicand, E., Pavio, N., 2011. Close similarity between sequences of hepatitis E virus recovered from humans and swine, France, 2008–2009. Emerg. Infect. Dis. 17, 2018–2025.
Bouquet, J., Cheval, J., Rogée, S., Pavio, N., Eloit, M., 2012. Identical consensus sequence and conserved genomic polymorphism of Hepatitis E virus during controlled interspecies transmission. J. Virol.
Bouquet, J., Cheval, J., Rogee, S., Pavio, N., Eloit, M., High Genomic Polymorphism but Identical Consensus Sequence of Hepatitis E virus during Controlled Interspecies Transmission. J Virol in press.

Résultats

J. Bouquet et al. / Infection, Genetics and Evolution xxx (2012) xxx–xxx

Chevaliez, S., Bouvier-Alias, M., Brillet, R., Pawlotsky, J.-M., 2009. Hepatitis C virus (HCV) genotype 1 subtype identification in new HCV drug development and future clinical practice. PLoS ONE 4, e8209.

D' Andrea, L., Pintó, R.M., Bosch, A., Musto, H., Cristina, J., 2011. A detailed comparative analysis on the overall codon usage patterns in hepatitis A virus. Virus Res. 157, 19–24.

Doran, T.M., Kamens, A.J., Byrnes, N.K., Nilsson, B.L., 2012. Role of amino acid hydrophobicity, aromaticity, and molecular volume on IAPP(20–29) amyloid self-assembly. Proteins 80, 1053–1065.

Emerson, S.U., Nguyen, H.T., Torian, U., Burke, D., Engle, R., Purcell, R.H., 2010. Release of genotype 1 hepatitis E virus from cultured hepatoma and polarized intestinal cells depends on open reading frame 3 protein and requires an intact PXXP motif. J. Virol. 84, 9059–9069.

Greenacre, M.J., 2010. Correspondence analysis. Wiley Interdisciplinary Reviews: Computational Statistics 2, 613–619.

Greenbaum, B.D., Levine, A.J., Bhanot, G., Rabadan, R., 2008. Patterns of evolution and host gene mimicry in influenza and other RNA viruses. PLoS Pathog. 4, e1000079.

Jenkins, G.M., Holmes, E.C., 2003. The extent of codon usage bias in human RNA viruses and its evolutionary origin. Virus Res. 92, 1–7.

Johne, R., Heckel, G., Plenge-Bönig, A., Kindler, E., Maresch, C., Reetz, J., Schielke, A., Ulrich, R.G., 2010. Novel hepatitis E virus genotype in Norway rats, Germany. Emerg. Infect. Dis 16, 1452–1455.

Karlin, S., Doerfler, W., Cardon, L.R., 1994. Why is CpG suppressed in the genomes of virtually all small eukaryotic viruses but not in those of large eukaryotic viruses? J. Virol. 68, 2889–2897.

Kyte, J., Doolittle, R.F., 1982. A simple method for displaying the hydropathic character of a protein. J. Mol. Biol. 157, 105–132.

Liu, W.-qian, Zhang, J., Zhang, Y.-qiang, Zhou, J.-hua, Chen, H.-tai, Ma, L.-na, Ding, Y.-zhong, Liu, Y., 2011. Compare the differences of synonymous codon usage between the two species within cardiovirus. Virol. J. 8, 325.

Liu, P., Li, L., Wang, L., Bu, Q., Fu, H., Han, J., Zhu, Y., Lu, F., Zhuang, H., 2012. Phylogenetic analysis of 626 hepatitis E virus (HEV) isolates from humans and animals in China (1986–2011) showing genotype diversity and zoonotic transmission. Infect. Genet. Evol. 12, 428–434.

Lu, L., Li, C., Hagedorn, C.H., 2006. Phylogenetic analysis of global hepatitis E virus sequences: genetic diversity, subtypes and zoonosis. Rev. Med. Virol. 16, 5–36.

Meng, X., Anderson, D., Arankalle, V., Emerson, S., Harrison, T., Jameel, S., Okamoto, H., 2011. Hepeviridae. In: King, A.M.Q., Carstens, E., Adams, M., Lefkowitz, E. (Eds.), Virus Taxonomy. 9th Report of the ICTV. Elsevier/Academic Press, London, pp. 991–998.

Nakamura, Y., Gojobori, T., Ikemura, T., 2000. Codon usage tabulated from international DNA sequence databases: status for the year 2000. Nucleic Acids Res. 28, 292.

Panda, S.K., Thakral, D., Rehman, S., 2007. Hepatitis E virus. Rev. Med. Virol. 17, 151–180.

Pavio, N., Meng, X.-J., Renou, C., 2010. Zoonotic hepatitis E: animal reservoirs and emerging risks. Vet. Res. 41, 46.

Purcell, R.H., Emerson, S.U., 2008. Hepatitis E: an emerging awareness of an old disease. J. Hepatol. 48, 494–503.

Purdy, M.A., Khudyakov, Y.E., 2010. Evolutionary history and population dynamics of hepatitis E virus. PLoS ONE 5, e14376.

Purdy, M.A., Lara, J., Khudyakov, Y.E., 2012. The hepatitis E virus polyproline region is involved in viral adaptation. PLoS ONE 7, e35974.

Renou, C., Pariente, A., Cadranel, J.-F., Nicand, E., Pavio, N., 2011. Clinically silent forms may partly explain the rarity of acute cases of autochthonous genotype 3c hepatitis E infection in France. J. Clin. Virol. 51, 139–141.

Robertson, B.H., Jansen, R.W., Khanna, B., Totsuka, A., Nainan, O.V., Siegl, G., Widell, A., Margolis, H.S., Isomura, S., Ito, K., Ishizu, T., Moritsugu, Y., Lemon, S.M., 1992. Genetic relatedness of hepatitis A virus strains recovered from different geographical regions. J Gen. Virol. 73, 1365–1377.

Rutjes, S.A., Lodder, W.J., Lodder-Verschoor, F., van den Berg, H.H.J.L., Vennema, H., Duizer, E., Koopmans, M., de Roda Husman, A.M., 2009. Sources of hepatitis E virus genotype 3 in The Netherlands. Emerg. Infect. Dis 15, 381–387.

Schielke, A., Sachs, K., Lierz, M., Appel, B., Jansen, A., Johne, R., 2009. Detection of hepatitis E virus in wild boars of rural and urban regions in Germany and whole genome characterization of an endemic strain. Virol. J. 6, 58.

Schlauder, G.G., Mushahwar, I.K., 2001. Genetic heterogeneity of hepatitis E virus. J. Med. Virol. 65, 282–292.

Shackelton, L.A., Parrish, C.R., Holmes, E.C., 2006. Evolutionary basis of codon usage and nucleotide composition bias in vertebrate DNA viruses. J. Mol. Evol. 62, 551–563.

Sharp, P.M., Li, W.H., 1987. The codon adaptation index – a measure of directional synonymous codon usage bias, and its potential applications. Nucleic Acids Res. 15, 1281–1295.

Simmonds, P., Bukh, J., Combet, C., Deléage, G., Enomoto, N., Feinstone, S., Halfon, P., Inchauspé, G., Kuiken, C., Maertens, G., Mizokami, M., Murphy, D.G., Okamoto, H., Pawlotsky, J.-M., Penin, F., Sablon, E., Shin-I, T., Stuyver, L.J., Thiel, H.-J., Viazov, S., Weiner, A.J., Widell, A., 2005. Consensus proposals for a unified system of nomenclature of hepatitis C virus genotypes. Hepatology 42, 962–973.

Takahashi, M., Nishizawa, T., Sato, H., Sato, Y., Jirintai, D., Nagashima, S., Okamoto, H., 2011. Analysis of the full-length genome of a hepatitis E virus isolate obtained from a wild boar in Japan that is classifiable into a novel genotype. J. Gen. Virol.

Tamura, K., Peterson, D., Peterson, N., Stecher, G., Nei, M., Kumar, S., 2011. MEGA5: molecular evolutionary genetics analysis using maximum likelihood, evolutionary distance, and maximum parsimony methods. Mol. Biol. Evol. 28, 2731–2739.

Vetsigian, K., Goldenfeld, N., 2009. Genome rhetoric and the emergence of compositional bias. Proc. Natl. Acad. Sci. USA 106, 215–220.

Widén, F., Sundqvist, L., Matyi-Toth, A., Metreveli, G., Beläk, S., Hallgren, G., Norder, H., 2011. Molecular epidemiology of hepatitis E virus in humans, pigs and wild boars in Sweden. Epidemiol. Infect. 139, 361–371.

Wong, E.H.M., Smith, D.K., Rabadan, R., Peiris, M., Poon, L.L.M., 2010. Codon usage bias and the evolution of influenza A viruses. codon usage biases of influenza virus. BMC Evol. Biol. 10, 253.

Woo, P.C.Y., Wong, B.H.L., Huang, Y., Lau, S.K.P., Yuen, K.-Y., 2007. Cytosine deamination and selection of CpG suppressed clones are the two major independent biological forces that shape codon usage bias in coronaviruses. Virology 369, 431–442.

Wright, F., 1990. The "effective number of codons" used in a gene. Gene 87, 23–29.

Xia, X., Xie, Z., Salemi, M., Chen, L., Wang, Y., 2003. An index of substitution saturation and its application. Mol. Phylogenet. Evol. 26, 1–7.

Zhao, C., Ma, Z., Harrison, T.J., Feng, R., Zhang, C., Qiao, Z., Fan, J., Ma, H., Li, M., Song, A., Wang, Y., 2009. A novel genotype of hepatitis E virus prevalent among farmed rabbits in China. J. Med. Virol. 81, 1371–1379.

Zsíros, J., Jebbink, M.F., Lukashov, V.V., Voûte, P.A., Berkhout, B., 1999. Biased nucleotide composition of the genome of HERV-K related endogenous retroviruses and its evolutionary implications. J. Mol. Evol. 48, 102–111.

Résultats

SUPPLEMENTARY
MATERIAL - Appendix
1

Résultats

IV – Mise en place d'une alternative à la culture cellulaire : développement de systèmes de réplicons du VHE

IV.1 – Introduction

Afin de relier les variations génétiques observées à des phénotypes particuliers, des modèles de génétique inverse et des modèles d'étude du VHE *in vitro* sont nécessaires. A ce jour, il n'existe pas de système de culture du VHE efficace. En effet, la propagation et la production du VHE *in vitro* a été tenté sur des hépatocytes primaires de primates, des lignées hépatocytaires ou non-hépatocytaires humaines (Tam et al., 1997; Tanaka et al., 2007). Mais la production virale et l'utilisation de ces modèles sont limitées par au moins un de ces facteurs : nécessité d'inoculum viral très concentré, temps de latence long avant production virale, titres relativement faibles, impossibilité de passage ou modèle cellulaire non représentatif du type cellulaire naturellement infecté. Deux nouveaux modèles de réplication du virus *in vitro* ont été développés au laboratoire, dans la lignée cellulaire humaine HepaRG dérivée d'un hépatocarcinome et la lignée cellulaire porcine PICM-19 dérivée de la différenciation d'une culture primaire de cellules embryonnaires (Rogée et al., 2012). Ces 2 lignées possèdent des caractéristiques morphologiques et fonctionnelles proches des hépatocytes primaires et semblent être des modèles prometteurs.

La technologie de l'ADN recombinant, ou génétique inverse, a rendu possible l'analyse, la modification et l'expression des gènes. Les virus, de part la taille réduite de leur génome, sont particulièrement souples pour de telles recherches. Bien que les virus à ARN positifs ne comptent pas d'intermédiaires ADN, la possibilité d'obtenir des ADNc de ces virus a considérablement augmenté le potentiel de la génétique inverse. Ainsi le clonage de l'ADNc du génome entier du virus de la polio a été obtenu dès 1981 et la transfection de son ADNc sur des cultures de lignées cellulaire de rein de singe (CV-1) et de cancer du col utérin humain (Hela) a révélé l'infectiosité de ce clone, ainsi que l'importance des séquences non codantes en 5' et 3' du génome dans la production virale (Racaniello and Baltimore, 1981). Mais peu d'ADNc de génomes de virus sont directement infectieux. La transcription *in vitro* de ces ADNc en ARN est le plus souvent nécessaire et plus proche de la structure réelle des virus à ARN étudiés. La transfection des ARN transcrits *in vitro* permet de contourner l'entrée, la décapsidation virale et d'initier la réplication, mais ne permet pas pour certains virus de créer de particules virales néoformées, ni de réaliser un cycle complet d'infection *in vitro*.

L'étude du *Virus de l'Hépatite C* (VHC) a ainsi longtemps été restreinte par l'absence de système de production efficace *in vitro*. Des mutations adaptatives des réplicons VHC ont été nécessaires à l'obtention de fort niveau de transcription (Blight and Norgard, 2006). Mais l'utilisation d'un réplicon provenant d'une séquence isolée d'une hépatite fulminante (le clone JFH1) a finalement permis d'obtenir un haut niveau de réplication associé à une production de particules virales entières (Wakita et al., 2005). Un autre facteur majeur associé à l'infectiosité *in vitro* des réplicons du VHC a été l'utilisation de sous-lignée des cellules Huh-7. Les sous-lignées Huh-7.5 et Huh-7.5.1 ont été obtenus après élimination de réplicons subgénomiques du VHC grâce aux traitements prolongés à l'interféron-α (IFN-α) et l'IFN-γ. Ces lignées possèdent un défaut d'activation de l'immunité innée (Blight et al., 2002; Zhong et al., 2005).

Des réplicons ont déjà été développés pour le VHE. Ces réplicons de taille génomique sont basés sur des séquences de génotype 1 isolées en Inde ou au Pakistan, une séquence aviaire, une séquence humaine de génotype 3, sous-type 3b isolé au Japon et une séquence porcine de génotype 3, sous-type 3a isolé au USA (Panda et al., 2000; Emerson et al., 2001; Huang, Haqshenas, et al., 2005;

Huang, Pierson, et al., 2005; Yamada, Takahashi, Hoshino, Takahashi, Ichiyama, Tanaka, et al., 2009). Ces réplicons ne sont pas représentatifs des sous-types circulant en France, à savoir les sous-types 3f, 3e, 3c et/ou 3c-like. L'étude phénotypique des différents sous-types pourrait permettre d'expliquer leur distribution ou de confirmer leurs différences de pathogénicité évoquées (Bouquet et al., 2011; Renou et al., 2011). De même, certaines études ont cherché à trouver les facteurs génétiques liées à des facteurs de virulence ou de fulminance du VHE, à travers une comparaison des génomes (Inoue et al., 2006, 2009). Cependant, les différences génotypiques identifiées ne peuvent pas être associées à des différences phénotypiques sans modèle de génétique inverse.

L'utilisation conjointe d'un réplicon issu d'une hépatite E fulminante transfectée dans les lignées de Huh7.5 ou Huh7.5.1 réunirait potentiellement des facteurs favorables à une efficacité de transfection et de réplication du VHE optimale, voir à l'établissement d'un cycle viral complet.

IV.2 – Objectifs

L'objectif de ce projet est de cloner des génomes complets du VHE représentatifs des souches circulant en France chez l'homme et le porc afin d'obtenir des outils de génétique inverse. Ces réplicons permettront d'étudier les déterminants zoonotiques et les facteurs de virulence associées aux différences génotypiques.

IV.3 – Matériels et méthodes

Tableau 5 - Liste d'amorces
Liste des amorces utilisées pour l'amplification des séquences FR-SHEV3c-like et FR-FulmHEV3f

Set d'amorce	Nom de l'amorce	Séquence (5' --> 3')	Position*
1	HEV1F	AAGGCTCCTGGCATWACTAC	31 - 50
	HEV1Fn	TACTACTGCCATHGAGCAGGC	45 - 65
	HEV1R	TAHGCHGCCTCNAGYCTCTT	2647 - 2666
	HEV1Rn	TCTTNGGRTTCTGCTCAACC	2631 - 2650
2	HEV2F	RTGGYTRCACCCTGAGGG	2013 - 2030
	HEV2Fn	GGRCAYMTYTGGGAGTCTGC	2062 - 2081
	HEV2R	AATGGCRCGGAACCACGG	4300 - 4317
	HEV2Rn	TCCTGDCCCTTCTCCACCAT	4117 - 4136
3	HEV3F	TGYCCYGARCTYGAGCAGG	3841 - 3859
	HEV3Fn	ATAGTYCAYTGYCGNATGGC	3925 - 3944
	HEV3R	GGCTCGCCATTGGCYGAGA	6375 - 6393
	HEV3Rn	GACGAAATYAATTCTGTCGGYA	6318 - 6339
3a	HEV3Fa	GAAGCCCAGGGTGCCACGTT	3498 - 3517
	HEV3Fan	CACGGCCGATGCTCGAGGTC	3539 - 3558
	HEV3Ra	GTTATGCACCAGCCCGGGGC	5051 - 5032
	HEV3Ran	AACTGTTCGGCGCGCTCAGG	4945 - 4926
3b	HEV3Fb	GCCATTTCTGGGGCTGGCTCC	4413 - 4433
	HEV3Fbn	GTGGCATGCCCCAGTGGCTT	4522 - 4541
	HEV3Rb	GAGCCCCAGCGCCCCAGTAT	6087 - 6068
	HEV3Rbn	TCCTCGGCCACACCCGATGT	5996 - 5977
4	HEV4F	GGTTGATTCTCAGCCCTTCG	5305 - 5324
	HEV4Fn	CCCTATATTCATCCAACCAACC	5330 - 5351
	HEV4R	AGGGAGCGCGRAAAGCAG	7158 - 7173
	HEV4Rn	GCTGAAGCTCAGCRAYAGTR	7096 - 7115
5'RACE	HEV5'R1	GTRGAGCAGGCTGATGGGAA	913 - 932
	HEV5'R2	GTRTGRTAAGTGCCAGGTGG	604 - 624
3'RACE	HEV3'R1	GTCTCAGCCAATGGCGAGCC	6374 - 6393
	HEV3'R2	TCCCTTGACTGGTCTAAGGT	6707 - 6726

*position sur la séquence 'swine HEV' (AF082843)

Deux isolats ont été choisis pour générer ces clones infectieux, l'un provient d'un porc infecté par un sous-type 3c-like et l'autre provient d'un cas humain d'hépatite fulminante de sous-type 3f. Le génome du sous-type 3c-like correspond à la séquence FR-SHEV3c-like amplifié et séquencé précédemment (voir Résultats, chapitre III). Le génome du sous-type 3f fulminant a été amplifié à partir du sérum d'un patient ; séquence appelée FR-FulmHEV3f. Brièvement, les ARN totaux ont été extraits à partir de 200µl de sérum à l'aide du kit QiAmp viral RNA (Qiagen, Courtaboeuf, France) en suivant les instructions du fabricant. La transcription inverse a été réalisée sur 5 µl d'ARN totaux en utilisant la Reverse-transcriptase Primescript de Takara dans son tampon réactionnel (Ozyme, St-Quentin-en- Yvelines, France). Les génomes ont été amplifiés par PCR nichée grâce à une polymérase haute-fidélité Hot Start Polymerase Phusion de Finnzymes (Ozyme, St-Quentin-en- Yvelines, France) et des amorces dégénérées (Tableau 5). Les kits 5'RACE et 3' RACE d'Invitrogen (Life Technologies, Villebon-sur-Yvette, France) ont été utilisés pour amplifier les extrémités 5' et 3' selon les instructions du fabricant.

Les fragments amplifiés de FR-SHEV3c-like et FR-FulHEV3f ont été clonés comme décrit sur les Figure 29 et Figure 30. Brièvement, les fragments ADN amplifiés par la polymérase Phusion ont été incubé 20 min à 72°C avec la Taq polymérase Invitrogen (Life Technologies, Villebon-sur-Yvette, France) ayant servi à l'amplification des extrémités 3' et 5', afin d'ajouter des A en 3'. Les kits TOPO-TA et TOPO-XL (Life Technologies, Villebon-sur-Yvette, France) ont été utilisés afin d'insérer les amplicons comprenant des A en 3' dans le plasmide pCR2.1 selon les instructions du fabricant. Une mutagénèse dirigée des extrémités 5' et 3' a été réalisé par PCR afin d'introduire un site de restriction XbaI suivi du promoteur T7 directement en amont du génome et un site XbaI en aval du génome. Les 5 à 7 fragments partiellement chevauchants formant chaque génome ont été ensuite séquentiellement digérés et ligués 2 à 2. Les digestions ont été effectuées à 37°C sur la nuit par les enzymes de restriction New England Biolabs et Takara (Ozyme, St-Quentin-en- Yvelines, France), coupant en un site unique dans la partie chevauchante des 2 fragments à assembler et un site unique dans les plasmides vecteurs pCR2.1, pCR-XL et pUC19. Les fragments d'intérêt ont été séparés par électrophorèse sur gel d'agarose 1% puis purifiés par le kit Nucleospin Gel and PCR clean-up (Macherey-Nagel, Hoerdt, France). Les ligations ont été réalisées pendant 1 h à température ambiante grâce à l'enzyme T4 DNA ligase de Takara (Ozyme, St-Quentin-en- Yvelines, France). Les bactéries One shot Top10 d'Invitrogen (Life Technologies, Villebon-sur-Yvette, France) ont servi à la transformation et l'amplification des produits de ligation selon les instructions du fabricant. Le vecteur final des génomes complets clonés est le vecteur pUC19 et le site XbaI final en 3' a été modifié par mutagénèse dirigée pour devenir un site SwaI. Le site SwaI est un site unique de restriction qui a été inséré afin de permettre la linéarisation du plasmide directement en 3' de la séquence VHE. Le vecteur pUC19 ne contient pas de promoteur T7, ce qui permet grâce à l'insertion par mutagénénèse dirigé d'un promoteur T7 directement en 5' de la séquence d'intérêt, de transcrire uniquement le génome VHE d'intérêt.

FR-SHEV3c-like

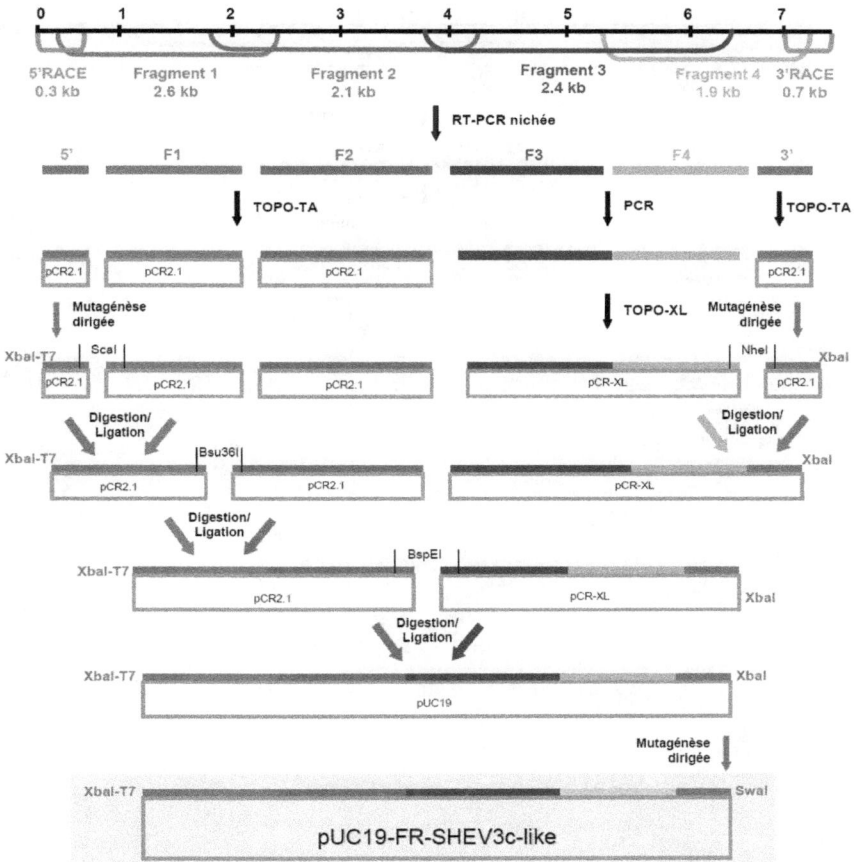

Figure 29 - Stratégie de clonage du réplicon FR-SHEV3c-like

FR-FulmHEV3f

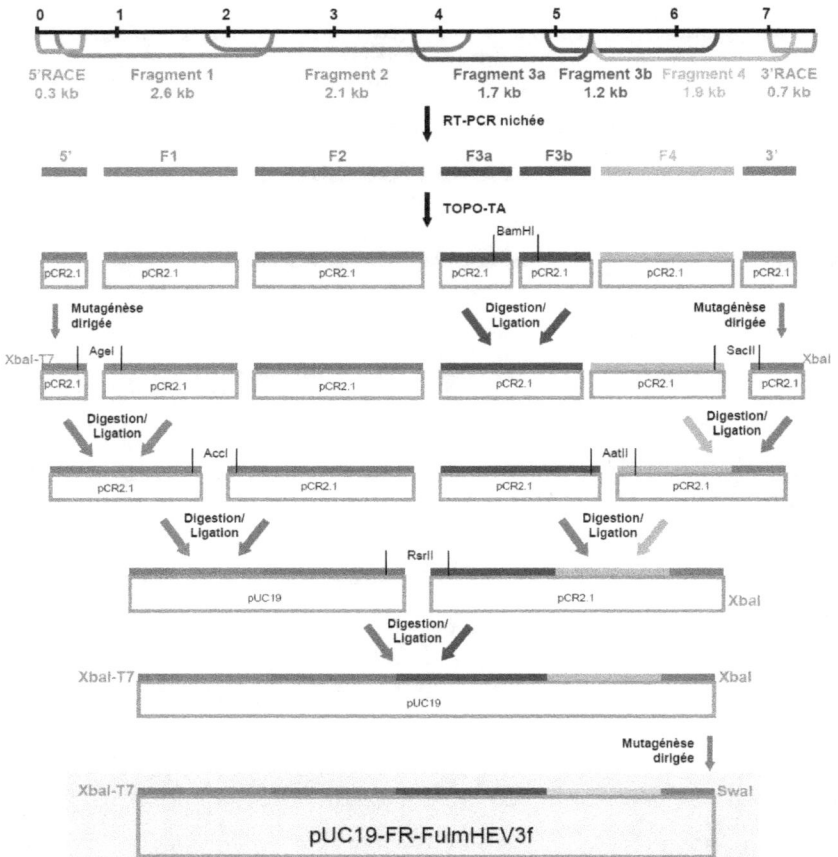

Figure 30 - Stratégie de clonage du réplicon FR-FulmHEV3f

La production d'ARN de taille génomique et cappés en 5' à partir des génomes clonés est réalisé comme décrit dans la Figure 31. Afin de pouvoir être transcrits *in vitro*, les réplicons sont linéarisé en 3' grâce à l'enzyme de restriction SwaI par digestion sur la nuit à 25°C. Les plasmides linéarisés sont ensuite purifiés par le kit Nucleospin Gel and PCR clean-up (Macherey-Nagel,

Hoerdt, France). La transcription *in vitro* pour l'obtention d'ARN non cappés pour l'infection de cultures cellulaires *in vitro* est réalisée par le kit T7 Megascript Ambion (Life Technologies, Villebon-sur-Yvette, France) à partir de 5 µg de plasmide linéarisé grâce au promoteur T7 situé en 5' de la séquence virale, selon les instructions du fabricant. La transcription *in vitro* pour l'obtention d'ARN cappés nécessaires à l'infection *in vivo* est réalisée par le kit Ambion mMessage mMachine T7 Transcription (Life Technologies, Villebon-sur-Yvette, France) à partir de 20 µg de plasmide linéarisé grâce au promoteur T7 situé en 5' de la séquence virale, selon les instructions du fabricant. La taille et la qualité des transcrits est vérifié par électrophorèse sur gel d'agarose 1%.

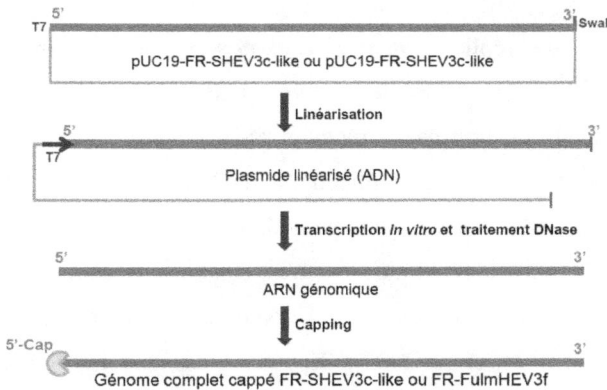

Figure 31 - Production d'ARN génomique cappé du VHE à partir des réplicons

IV.4 – Résultats préliminaires : obtention des réplicons

Les différents fragments nécessaires à la construction des 2 différents réplicons ont été obtenus et assemblés comme indiqué dans le Matériels et Méthodes (Figure 29 et Figure 30). Pour chaque réplicon des ARNs de longueur génomiques ont été obtenus après transcription *in vitro*. Ainsi, la transcription *in vitro* permet de produire expérimentalement les génomes ARNss(+) consensus entiers et cappés en 5' des séquences de VHE clonées (Figure 31).

IV.5 – Perspectives

La deuxième étape de l'étude sera de vérifier l'infectiosité des ces ARN transcrits *in vivo*. En effet, les réplicons de génotype 1 sont infectieux chez le macaque et le réplicon de VHE porcin de génotype 3, sous-type 3a est infectieux chez le porc par injection intra-hépatique des ARN transcrits *in vitro* ou des ARN extraits après passage en culture cellulaire (Emerson et al., 2001; Huang, Haqshenas, et al., 2005). Ces études ont montré l'importance du cap 7m-GTP en 5' du génome viral pour permettre l'infection *in vivo*. Afin de vérifier l'infectiosité des réplicons *in vivo*, ceux-ci seront injectés en intra-hépatique à des porcs. Les porcs sont le réservoir majeur du VHE en France et sont permissifs à l'infection par le réplicon pSHEV3 précédemment établi (Huang, Haqshenas, et al., 2005). Le réplicon pSHEV3 nous servira de contrôle positif.

les réplicons existants permettent la réplication autonome du génome sans produire de particules virales entières dans les lignées cellulaires HepG2, PLC/PRF/5, A549, Caco-2 et Huh-7 (Panda et al., 2000; Emerson et al., 2004; Huang, Haqshenas, et al., 2005). Cependant, ces modèles ne permettent pas de fort niveaux de réplication virale ou bien ne sont pas représentatifs des infections *in vivo*. Trois modèles seront utilisés pour l'étude des réplicons nouvellement produits. La lignée cellulaire Huh7.5 dérivé d'un hépatocarcinome humain et présentant un défaut de la voie de l'interféron a permis de surmonter les faibles titres viraux observés lors de la réplication du VHC *in vitro* et pourrait donc être un modèle approprié pour une production *in vitro* efficace du VHE. Les modèles cellulaire humain (HepaRG) et porcin (PICM-19) mis en place au laboratoire présentent des caractéristiques hépatocytaires similaires aux cultures de cellules primaires. Ils représenteront donc des modèles proches de l'infection chez l'homme et le porc afin d'étudier les mécanismes dépendant de l'espèce hôte étudiée. Le suivi des cinétiques de réplication suivant la transfection des réplicons dans les cellules Huh7.5 permettront d'évaluer dans un premier temps les différences phénotypiques associées à deux sous-types majeurs circulant en France, puis de déterminer des facteurs de restriction d'hôte à travers l'utilisation de lignées cellulaires humaines HepaRG et porcines PICM-19. La génétique inverse du VHE permettra d'évaluer l'importance de certaines mutations associées à des facteurs de virulence, d'étudier les interactions virus/cellules ou encore de comprendre l'importance des quasiespèces virales du VHE dans la pathogénicité. Le développement de la quasiespèce à partir d'un clone viral pourra être observé *in vitro* ou *in vivo* et la virulence évaluée au regard de la diversité génétique.

DISCUSSION

I – Variabilité génétique du VHE

Les travaux réalisés au cours de cette thèse ont permis de confirmer et compléter l'estimation de la diversité génétique (inter-souches), de la variabilité génétique (intra-souches) et de l'évolution du VHE. Alors que la diversité génétique du VHE est comparable à certains autres virus zoonotiques à ARN, sa diversité présente tout de même certains traits particuliers liés à son épidémiologie particulière.

Une première étude sur 42 séquences de VHE autochtones isolées de patients dans la région de Toulouse avant 2008 avait montré que toutes les séquences appartenaient au génotype 3. De même, l'étude menée sur 149 séquences de VHE autochtones isolées chez l'homme et le porc sur toute la France entre 2008 et 2009 a montré la présence unique de génotype 3. Or, en 2008, la présence de génotype 4 autochtone a été rapportée pour la première fois en Europe (Wichmann et al., 2008). Le génotype 4 était jusqu'à présent uniquement rapporté en Asie. Depuis, un cas d'infection humaine au VHE de génotype 4 a été noté dans l'Est de la France (Tessé et al., 2012). Ces cas pourraient être liés à la détection de VHE de génotype 4 dans un élevage porcin en Belgique (Hakze-van der Honing et al., 2011) et à sa probable introduction récente, suggérant que la circulation des personnes et des animaux de rente pourrait jouer un rôle dans la dissémination du virus et donc dans la diversité des souches autochtones du VHE en France.

Il a été précédemment rapporté que les sous-types 3f (n=37), 3e (n=2), 3c (n=2) et 3b (n=1) circulaient dans la région de Toulouse (Legrand-Abravanel et al., 2009). L'étude menée dans ce manuscrit sur 106 séquences VHE humaines et 43 séquences VHE porcines isolées sur toute la France rapporte la circulation de 4 sous-types : 3f (n=110), 3c (n=20), 3e (n=7) et non-défini (n=12). Le sous-type 3f est bien le sous-type prédominant en France, comme montré précédemment dans la région de Toulouse (Legrand-Abravanel et al., 2009). Le fait qu'aucun sous-type 3b n'ait été retrouvé, pourrait venir de la difficulté à classer certaines séquences selon la classification établie par Lu et al. (Lu et al., 2006). En effet, une partie des résultats montrent la nécessité de revoir la classification au vu des nouvelles séquences.

L'étude de 3 nouveaux génomes entiers des différents sous-types circulant chez le porc en France présentent entre 78,5% et 83.2% d'identité entre elles et au maximum 90,9% d'identité avec les génomes connus et disponibles publiquement. Les génomes VHE isolés du porc en France possèdent une structure similaire, à l'exception de la taille de leur partie 3' non codante et d'un codon de différence dans l'ORF1. Cette délétion d'un codon intervient dans la partie hypervariable de l'ORF1. Une insertion de 87 nt est observée dans cette même partie hypervariable du génome du virus étudié dans l'infection expérimentale. Cette insertion est aussi retrouvée dans d'autres génomes d'origine humaine en France et d'origine porcine en Espagne. La région hypervariable correspond à une région riche en proline dont l'étude bioinformatique a révélé une structure comprenant des sites putatifs de protéases, de kinases et de liaisons aux protéines qui permettrait une régulation de la réplication (Purdy, Lara, et al., 2012). La découverte d'insertions d'oligonucléotides de l'hôte (Shukla et al., 2011; Nguyen et al., 2012) et l'évolution de cette région par comparaison des génotypes 1, 3 et 4 suggèrent qu'elle aurait un rôle dans l'adaptation virale à l'hôte (Purdy, Lara, et al., 2012). Les mécanismes de cette adaptation pourront éventuellement être étudiés par l'utilisation de réplicons modifiés dans cette partie hypervariable.

La grande diversité génétique des souches du VHE reflète les variations de séquence intra-souche. En effet, alors que des porcs d'un même élevage sont vraisemblablement infectés par la même souche de VHE, la comparaison des séquences isolées ne donnent pas nécessairement d'identité parfaite à 100%. Ceci a été aussi observé chez l'homme lors d'une épidémie de VHE de génotype 1 en Algérie (Grandadam et al., 2004). Conceptuellement, les souches virales sont des virus appartenant au même genre et qui ont des différences moléculaires héréditairement stables. La structure des populations virales en quasiespèce rend donc difficile la classification des souches, car les quasiespèces ne sont pas moléculairement stables par définition. La classification en souches dépend du genre viral. Lors de l'étude des différents isolats de VHE de génotype 3 d'un même élevage porcin, un minimum de 99% d'identité a été obtenu. Lors de l'étude d'une épidémie de VHE de génotype 1 en Algérie, les isolats avait un minimum d'identité de 98,7%. Il serait donc possible d'établir une classification des souches du genre *Hepevirus* lorsque les séquences présentent plus de 98% d'identités. Le taux de mutation du VHE pourrait être calculé à partir d'un réplicon, représentant une séquence unique, et l'observation de la variabilité résultante de passages multiples, afin d'évaluer la stabilité des souches du VHE.

La structure en quasiespèce du génome entier a été étudiée lors d'un passage entre l'homme et le porc pour évaluer le degré d'adaptation du VHE de génotype 3. Bien que le polymorphisme soit observé sur toute la longueur du génome, aucune modification majeure de la population virale n'a été observée. Au contraire, l'analyse phylogénétique des séquences du VHE de génotype 3 ayant opéré un changement de tropisme du foie vers le système nerveux rapporté chez un patient a montré que les séquences isolées à 2 reprises du sérum étaient clairement distinctes de celles isolées du liquide céphalo-rachidien (Kamar et al., 2010). Enfin, un plus grand polymorphisme de la quasiespèce a été observé chez les patients dont l'infection devient chronique par rapport aux infections aigües, la diversification de la quasiespèce correspondant à une diminution des cytokines inflammatoires (Lhomme et al., 2012). Alors que le passage d'hôte ne requiert pas d'adaptation génétique du VHE de génotype 3, l'adaptation génétique est nécessaire au changement de tropisme cellulaire. Le degré de réplication du VHE et de la variabilité génétique résultante est contrôlé par l'intensité de la réponse immunitaire.

La pression de sélection négative le long du génome a été tout d'abord montrée lors de l'étude génomes porcins isolés en Espagne (Peralta et al., 2009), puis confirmé ici par l'étude du polymorphisme de population virale lors d'un passage inter-espèce. L'étude du biais de l'usage des codons a aussi montré que la pression de mutation, responsable d'une pression de sélection neutre ou négative, était un des facteurs déterminants de l'évolution des génomes du VHE. Mais une pression de sélection naturelle s'exerçant sur l'évolution des génomes a été aussi observée. Celle-ci s'exercerait tout d'abord dans l'ORF3 et la partie hypervariable de l'ORF1 qui comprennent un plus grand nombre de sites polymorphiques et sont sujets à une pression de sélection positive. Ces régions sont donc clés dans l'évolution du VHE, probablement de par leurs fonctions régulatrice. En effet, il a été suggéré que la partie hypervariable de l'ORF1 aurait un rôle dans l'adaptation virale à l'hôte (Purdy, Lara, et al., 2012) et l'ORF3 serait impliquée dans l'atténuation de la réponse immunitaire (Chandra et al., 2008).

La diversité génétique observée des souches de VHE isolé de l'homme et du porc circulant sur un même territoire est particulièrement élevée. Les séquences isolées présentaient entre 67,8% et 100% d'identité nucléotidique. Or, Par comparaison, 89 séquences du virus de la rage isolées au Mexique d'un plus grand nombre d'espèces hôtes (chauves-souris, bétail, de chat ou patients) et durant une plus longue période (1995-2004) présentaient une diversité génétique plus restreintes, comprise entre 83,1% et 100% d'identité nucléotidique (Velasco-Villa et al., 2006). Les 179 séquences du virus West Nile isolés de donneurs de sang dans 25 états des USA et 3 provinces canadiennes en 2003-04 présentaient une identité encore plus forte, comprise entre 99,65% et 99,8% (Herring et al., 2007).

Le degré de polymorphisme des quasiespèces des virus zoonotiques à ARN est aussi variable. Ainsi la diversité nucléotidique du VHE a été calculée ici allant de 0,028% à 0,07%. Par comparaison, le virus du West Nile a une diversité nucléotidique plus faible et dépendante de l'espèce infectée. Alors que chez l'oiseau, la diversité nucléotidique est de 0,021%, chez le moustique, celle-ci est de 0,034% (Jerzak et al., 2005). Par contre, le virus de la Dengue, agissant sur un mode épidémique entre l'homme et le moustique, a, quant à lui, une diversité nucléotidique intra-hôte bien supérieure, estimée à 0,3% dans le sérum de patients atteints de fièvres aigües (Holmes, 2003).

Les gammes de diversité des souches virales et du degré de polymorphisme des quasiespèces sont vastes. Les contraintes moléculaires s'exerçant sur un virus sont d'autant plus forte que les espèces qu'il infecte sont divergentes, mais ces contraintes dépendent aussi de son mode de transmission et de sa virulence. Il apparait que le VHE présente une plus grande diversité de souches que les arbovirus ce qui pourrait être expliqué par les contraintes moléculaires s'exerçant sur les virus infectant des espèces hôtes très hétérogènes, du mammifère à l'arthropode. Pourtant, la quasiespèce du VHE est moins diverse qu'un autre arbovirus, le virus de la dengue. Ceci pourrait être expliqué par le mode épidémique par lequel le virus de la dengue se propage, produisant des infections courtes mais aigües permettant d'accumuler un grand nombre de mutations. Il est aussi à noter que le calcul de la diversité nucléotidique du virus de la dengue a été réalisé sur le gène d'enveloppe E, déterminant du tropisme cellulaire et cible de la réponse immunitaire et donc soumis à une forte pression de sélection positive. Mais le VHE parait aussi plus diversifié que le virus de la rage. En effet, l'extrême virulence du virus de la rage prévient la transmission même de ses phénotypes virulents en éliminant son hôte. La diversité génétique est donc aussi liée au seuil de virulence du virus et de son équilibre avec sa persistance et sa transmission (Lancaster and Pfeiffer, 2012). Le VHE parait asymptomatique chez l'animal, ce qui pourrait expliquer sa plus grande diversité. Il entraine aussi très peu de cas d'hépatites aigües ou fulminantes en comparaison des séroprévalences élevées atteignant 52,2% dans le Sud de la France (Mansuy et al., 2011). Pourtant, alors que les infections au virus du West Nile sont elles aussi majoritairement asymptomatique (75-80%) (De Filette et al., 2012), les nombreuses séquences isolées en 2003-04 en Amérique du Nord présentaient des identités très fortes dépassant les 99%. Dans ce cas, l'absence de diversité ne correspond pas à une très forte virulence ni à des contraintes moléculaires fortes sur son génome, mais correspond en réalité à la présence d'une seule souche virale. En effet, le WNV n'a été introduit en Amérique du Nord qu'à partir de 1999 et les infections résultantes proviendraient de l'introduction et de la propagation d'une souche unique dans un réservoir naïf (Kilpatrick, 2011).

En résumé, la diversité génétique du VHE retrouvé sur le territoire français est grande, alors que la variabilité génétique de sa quasiespèce lors d'un passage d'hôte est modérée. Ainsi, il semble que le taux de substitution du VHE soit grandement restreint par des contraintes moléculaires sur l'ensemble de son génome à l'exception de la partie hypervariable de l'ORF1 et de la partie chevauchante de l'ORF2 et l'ORF3, mais que sa grande diversité génétique dénote une longue évolution avec les populations infectées et des mouvements d'hôtes augmentant sa dispersion sur tout le territoire.

II – Transmissions zoonotiques du VHE

Une particularité du VHE est son spectre d'hôte. A l'exception du virus de l'encéphalomyocardite, au risque zoonotique faible, et du virus de la grippe A nécessitant des réassortiments pour passer de l'animal à l'homme, le VHE est le seul virus zoonotique à ARN dont le réservoir animal majeur est domestique. Le sanglier et le cerf, espèces de la faune sauvage des zones tempérées sont aussi porteur de VHE zoonotique. Bien que la chasse et la consommation de gibier sont des facteurs de risque associé à une séroprévalence plus élevé que dans la population normale (Mansuy et al., 2011), les cas d'hépatites E ne sont pas fréquemment liés à ces activités. En effet, sur les 106 patients inclus dans l'étude d'épidémiologie moléculaire du VHE en France, seul 2 d'entre eux reportaient être chasseurs (données non publiées).

Les réservoirs animaux de la majorité des virus zoonotiques à ARN sont les rongeurs (*Arena-*, *Hantavirus* et *Bunyviridae*), les oiseaux (*Flavi-*, *Alphavirus*) et les chauves-souris (*Lyssa-*, *Corona-*, *Henipavirus* et *Filoviridae*). Un intérêt grandissant est porté aux chauves-souris suite à l'émergence des virus Hendra, Nipah, SRAScoV et Ebola. Les chauves-souris et les rongeurs forment les 2 plus grands ordres de mammifères, leur diversité reflétant potentiellement la diversité des virus les infectant. Les oiseaux et chauve-souris comprennent des espèces formant de larges colonies, facteur de propagation et persistance des virus (Wang et al., 2011).

Ces familles d'animaux sont aussi infectées par le VHE, mais de genres divergents des VHE zoonotiques, à savoir le VHE rat, le VHE aviaire et le VHE chauve-souris. Les VHE rat et aviaire ne présentent pas de risque zoonotique (Huang et al., 2004; Purcell et al., 2011). Le VHE chauve-souris a été très récemment trouvé et présente entre 54,6 et 64,2% d'identité nucléotidique avec le VHE humain, ce qui est comparable à la distance des genres VHE rat et aviaire. De plus, aucune séquence de VHE chauve-souris n'a été retrouvé dans l'étude de 90,000 sera humains (Drexler et al., 2012). Il est donc peu probable que le VHE chauve-souris puisse passer la barrière d'espèce. Le SRAScoV-like de chauve-souris présente 88-92% d'identité nucléotidique avec le SRAScoV et serait à l'origine de ce nouveau virus à travers son passage par la civette ou un autre mammifère non déterminé (Shi and Hu, 2008). Une surveillance du VHE chauve-souris pourrait être envisagée afin de prévenir l'apparition de VHE chez l'homme.

Bien qu'il semble acquis maintenant que le VHE est un virus zoonotique, l'origine et le mode de contamination par le VHE en France était sujet à questionnement au début de ce travail de thèse.

En 2010, le centre national de référence du VHE en France dénombrait 340 cas d'hépatites E, dont 70% étaient déclarés autochtones (CNR VHE, données non publiées). Une enquête nationale réalisée au laboratoire a révélé que le réservoir porcin est largement contaminé, avec une séroprévalence allant de 31% au niveau individuel, jusqu'à 65% au niveau des élevages (Rose et al., 2011). La viande de porc est la viande la plus consommée en France (Ministère de l'Economie, des Finances et de l'Industrie, 2010). Cette enquête a également montré que 4% des foies rentrant dans la chaîne alimentaire sont positifs pour l'ARN viral (Rose et al., 2011). Les résultats de ce travail de thèse montrent que les cas autochtones français et les porcs positifs sont infectés sur tout le territoire par le même génotype et les mêmes sous-types de VHE. Le génotype 3 humain permet d'ailleurs d'infecter expérimentalement des porcs par voie intraveineuse, comme montré précédemment aux USA (Meng et al., 1998), mais aussi par voie orale, la voie naturelle d'infection (Casas et al., 2009), comme montré ici.

La présence d'un même génotype chez le porc et l'homme dans un même territoire n'est pas nécessairement associée à des transmissions zoonotiques. En effet, il a été reporté en Chine et en Bolivie que le VHE de génotype 3 et 4 circulaient dans les populations humaines et porcines. Or, dans les 2 cas, les sous-types retrouvés étaient différents selon l'hôte (Zhang et al., 2009; Dell'Amico et al., 2011; Purdy, Dell'amico, et al., 2012). Ici les sous-types retrouvés chez l'homme et le porc sont les mêmes et sont présents dans les mêmes proportions, indiquant la circulation active du virus d'un hôte à l'autre.

De plus, la comparaison des séquences partielles isolées indépendamment chez l'homme et le porc montre des identités supérieures à 99%. Ce n'est pas la première fois que de telles homologies sont détectées sur des séquences isolées indépendamment. Au Japon notamment, une paire de séquences VHE de génotype 4 isolées chez l'homme et le porc ont montré 99% d'identité sur le génome entier (Nishizawa et al., 2003). L'étude des 3 nouveaux génomes porcins français a montré que celui de sous-types 3f présentait son maximum d'identité (90,9%) avec le seul génome VHE humain français disponible (Legrand-Abravanel et al., 2009). Bien que le génotype 3 soit présent dans toute l'Europe, en Amérique et en Asie, l'origine de la majorité des contaminations en France semble liée fortement au réservoir porcin français. De plus, il a été montré une absence de lien géographique entre les séquences isolées de cas humains et chez le porc présentant plus de 99% d'identités. Les séquences ont été isolées des porcs précédemment à la déclaration de symptômes chez les patients étudiés. Ces infections pourraient donc correspondre à un mode de transmission alimentaire par la viande de porc. En effet, certaines spécialités locales françaises à base de foie de porc cru sont à fort risque de transmission du VHE (Colson et al., 2010; Mansuy et al., 2011).

Enfin le VHE de génotype 3, sous-type 3f montre une évolution neutre lors d'un seul passage inter-espèce, par conservation de son génome consensus et de 30% de la quasiespèce, démontrant l'adaptation complète de son génome à plusieurs hôtes. La possibilité d'existence de déterminants spécifiques d'espèce n'a pas été mise en évidence à l'intérieur d'un même génotype. En effet, dans notre analyse, seul le génotype 1 présente un biais d'usage des codons en faveur de l'espèce humaine. Le VHE de génotype 3 présente donc un risque réel de transmission zoonotique.

Les transmissions du VHE du porc à l'homme ont donc été ici clairement établies, mais le mode de transmission dépend d'une opportunité d'infection qui est différente selon les régions. En France, les produits locaux à base de foie de porc cru consommés crus sont un risque vraisemblable d'une majorité d'infections, mais ne peuvent expliquer tous les cas d'hépatites E. Il est possible que d'autres espèces animales que le porc, le cerf, le sanglier puissent être à l'origine d'infection au VHE. En effet des anticorps anti-VHE ont été détectés chez le chat, le chien, le cheval, le mouton ou le bétail, mais sans traces d'ARN viral (Pavio et al., 2010). Reste à savoir si l'infection de ces autres réservoirs potentiels correspondent à des sources zoonotiques.

L'étude des cas humains français en 2008-09 comprenait une personne végétarienne. Des contaminations environnementales ne sont pas à exclure non plus. Il a été montré que les lagunes de décantation du lisier sont contaminées par du VHE (Kasorndorkbua et al., 2005; McCreary et al., 2008). L'épandage de lisier pourrait vraisemblablement être à l'origine des contaminations des eaux de surface (Rutjes et al., 2009) ou des champs de fraises (Brassard et al., 2012). Malgré tout, alors que la Bretagne est une région à haute densité d'élevage de porcs contaminés et que les épandages de lisier y sont fréquents, seul 2 cas y ont été enregistré en 2008-09. Une étude sur la persistance du VHE dans l'environnement permettrait d'évaluer ce risque.

Les mollusques sont des organismes filtreurs permettant la fixation spécifique de virus, tels que les *Norovirus* (Maalouf et al., 2010). Ainsi du VHE de génotype 3 a été détecté dans des organismes bivalves de rivière au Japon (Li et al., 2007). Des cas d'hépatites E lors d'une croisière ont été épidémiologiquement liés à la consommation de crustacés (Said et al., 2009). Enfin, récemment, des moules ont été utilisés comme bio-moniteurs de la pollution virale marine en Méditerranée ; 8.1% des échantillons se révélant positifs pour l'ARN VHE (Donia et al., 2012). Une étude de la prévalence du VHE dans les mollusques en France devrait permettre de compléter l'estimation de la contamination environnementale au VHE et d'évaluer le risque associé à la consommation de fruits de mer.

Le mode de transmission du VHE est différent des autres virus zoonotiques à ARN. Alors que l'infection au VHE se fait par voie entérique, les autres virus nécessitent un vecteur ou se font par contact direct ou indirect de sécrétion avec une muqueuse ou une plaie. Cette différence de transmission s'explique par le fait que le VHE est un virus nu, contrairement aux autres virus zoonotiques à ARN qui sont enveloppés. Son mode de transmission est à rapprocher du *Virus de l'hépatite A*, des *Rotavirus* et des *Norovirus*. Les origines des contaminations humaines par les virus entériques, tels que le VHE de génotype 1 et 2, sont l'eau et les aliments souillés ou tout contact féco-oral direct ou indirect. Le VHE de génotypes 3 et 4 est particulier. En Europe, bien que le VHE puisse être retrouvé dans l'environnement (Rutjes et al., 2009; Brassard et al., 2012), il semble qu'il ait majoritairement une origine alimentaire non féco-orale. De plus, aucun cas de transmissions secondaires n'a été rapporté à ce jour. En revanche, en Chine Centrale et en Bolivie, les profils de contamination par les génotypes 3 et 4 sont différents. En effet, les sous-types circulant chez l'homme et le porc sont différents révélant une absence de contamination croisée (Zhang et al., 2009; Purdy, Dell'amico, et al., 2012). Les contaminations humaines dans ces régions au moyens sanitaires réduits ont donc probablement une origine féco-orale.

Ce dernier mode de transmission pourrait avoir une implication sur l'évolution du virus. En effet, dans les régions aux moyens sanitaires réduits, où plusieurs virus apparentés pourraient circuler, les contaminations environnementales croisées peuvent survenir et mener, à travers une infection multiple, à la recombinaison de 2 virus. Ainsi les recombinaisons des souches vaccinales du poliovirus, excrété chroniquement par des personnes immunodéprimés, avec d'autres entérovirus naturels a mené à la réémergence de nouveaux poliovirus virulents (Combelas et al., 2011). Des contaminations environnementales par plusieurs types de VHE, comme les génotypes 1 et 4 en Inde et en Chine, pourraient survenir. Il a été montré que des contaminations d'une même personne par plusieurs sous-types de VHE peuvent avoir lieu (Moal et al., 2012). Les phénomènes de recombinaisons du VHE, bien que peu étudiés, ont été notés pour le génotype 1, mais n'ont pas encore été détecté dans les génotypes 3 et 4 ou entre différents génotypes par un manque de génomes au moment de l'étude (van Cuyck et al., 2005). Néanmoins, des recombinaisons du VHE avec des gènes humains ont été observée *in vivo* et *in vitro* et conférerait au VHE une capacité de réplication améliorée *in vitro* (Shukla et al., 2011, 2012; Nguyen et al., 2012).

Le VHE aurait une longue évolution avec ses hôtes favorisant sa transmission plutôt que sa virulence. L'étude de l'histoire évolutive du VHE montre qu'il aurait évolué par une série d'étapes durant lesquels les ancêtres du VHE se seraient adaptés à une succession d'hôtes animaux menant à l'hôte humain. La divergence du génotype 3 daterait de 1668 à 1745, tandis que la divergence du génotype 1 daterait de 1811 à 1923 (Purdy and Khudyakov, 2010). Le VHE de génotype 1 aurait donc évolué vers la perte de compétence d'infection d'animaux non-humains. Le déterminant de barrière d'espèce du génotype est à déterminer. La création de chimères de réplicons de génotypes 1 et 3 pourrait permettre de déterminer les facteurs génétiques responsables de la barrière d'espèce. Pour comparaison, l'émergence du SRAScoV chez l'homme à partir de la civette ou d'une autre espèce non-identifiée est un événement très récent et daterait de 1996 à 2001 et sa spéciation à partir du SRAScoV-like de la chauve-souris de 1965 à 1995 (Hon et al., 2008). Le SRAScoV a connu une émergence récente chez l'homme. L'adaptation du SRAScoV-like des chauves-souris à l'homme se serait fait par l'adaptation chez la chauve-souris ou un hôte intermédiaire au nouveau récepteur cellulaire ACE2 présent aussi chez l'homme (Demogines et al., 2012). Le virus de la rage aurait une origine antique, la première mention écrite de ses symptômes violents datant d'il y a 2000 ans avant notre ère (Adamson, 1977). Il n'y a pas eu d'adaptation du virus vers un

Discussion

phénotype moins virulent. L'homme n'est qu'un hôte occasionnel, chez qui l'évolution du virus de la rage est une impasse. La faune sauvage, en plus de connaitre quelques cas d'infection asymptomatique (Warrell and Warrell, 2004), est assez diverse et large pour permettre la persistance du virus.

Enfin, le degré d'adaptation zoonotique du VHE est donc particulier. Comme décrit dans la partie introduction, l'évolution d'un virus uniquement animal à un virus uniquement humain peut être classée en 5 degrés d'adaptation. Alors que la plupart des virus semblent correspondre à un seul stade, le VHE pourrait être classé dans plusieurs de ces stades. En effet, Le VHE rat et aviaire semblent infecter uniquement des espèces de leur ordre et correspondrait à un pathogène de stade 1. Le VHE de génotype 1 et 2 infectent uniquement l'homme et seraient donc des pathogènes de stade 5. Le VHE de génotypes 3 et 4 infecte l'homme, le porc, le sanglier et le cerf. Cependant, en Chine et en Bolivie, le VHE circulant chez l'homme est de sous-type différent à celui circulant chez le porc, donc la transmission du VHE à l'homme se fait par l'homme. Le VHE de génotype 3 et 4 est, dans ce cas là, un pathogène de stade 4. En Europe et au Japon, les souches provoquant des cas sporadiques chez l'homme sont identiques aux souches circulantes chez le porc, le sanglier et le cerf, sans que des infections secondaires soient reportées. Ce profil épidémiologique correspondrait donc à un pathogène de stade 2. La raison pour cette disparité de classement du degré zoonotique du VHE de génotypes 3 et 4 pourrait être liée à une opportunité de passage en l'absence de dispositif d'assainissement plutôt qu'à une restriction d'hôte entre les porcs et l'homme. En effet, l'extrême hétérogénéité des séquences du VHE fait que jusqu'à un cinquième du génome peut différer d'un isolat à l'autre à l'intérieur d'un même génotype. Or la restriction d'hôte peut être liée à des changements mineurs de séquence. Par exemple, la mutation de seulement 2 acides aminés dans la sous-unité PB2 de la polymérase et dans l'hémagglutinine du virus de la grippe A aviaire H5N5

116

détermine la transmission aux mammifères (Gao et al., 2009). De même, la virulence accrue du Virus West Nile chez le corbeau américain est lié à la mutation d'un seul acide aminé de la protéine hélicase NS3 (Brault et al., 2007). Le développement de nouveaux outils de génétique inverse du VHE pourra permettre de répondre à ces questions de déterminants d'espèce et de virulence.

La globalisation et les changements climatiques sont susceptibles de modifier le contexte épidémiologique du VHE. Ainsi l'apparition de cas récents d'hépatites E liés au sous-type 3e au Japon serait liée à l'importation de porcs européens (Nakano et al., 2012). L'augmentation des échanges mondiaux risque sans nul doute d'affecter la distribution des différents génotypes et sous-types. De même, les changements climatiques pourraient être la source de la propagation accrue du VHE. C'est pourquoi une connaissance accrue de la biologie du VHE est nécessaire afin de prévenir des crises sanitaires potentielles.

III – Perspectives

Les perspectives de ce travail seraient d'une part de rendre compte de toutes les origines et tous les modes de contaminations possibles en France et d'autre part d'améliorer les connaissances sur la biologie du virus.

Une première perspective serait d'évaluer la prévalence en France des autres réservoirs connus du VHE, tels que chez le sanglier et le cerf. Une étude nationale récente a montré une sérologie positive chez 14% des sangliers (Carpentier et al., 2012). Une étude sur les sangliers du Sud-Est a pu amplifier de l'ARN viral de 2,5% des sangliers étudiés (Kaba et al., 2009). Une étude complète de prévalence du VHE chez le sanglier manque à ce jour. De même, bien que les cerfs aient été trouvé positifs au VHE dans d'autres pays européens, des données de prévalence chez cet hôte en France manquent encore.

Une étude des autres réservoirs potentiels du VHE devrait être envisagée. Le contact avec des chats est significativement associé à une sérologie positive au VHE (Mansuy et al., 2011). Une enquête sur la présence d'ARN viral chez les chats avait été démarrée lors de cette thèse, mais n'a pas donné de résultat positif jusqu'à présent. Les raisons de cette absence de détection d'ARN viral pourraient être que les chats étudiés étaient majoritairement des chats d'appartement qui ne sont pas naturellement infectés par le VHE, que les amorces utilisées pour l'amplification ne peuvent pas amplifié le VHE du chat ou enfin que les résultats positifs de sérologie correspondent à une réaction croisée du test. L'utilisation de paires d'amorces dégénérée sur des échantillons provenant de chats vivant en milieu rural est en perspectives.

La recherche des contaminations environnementales des eaux de surface, des champs et des effluents sont à envisager. La prévalence du VHE dans les mollusques ainsi que leur utilisation comme bio-moniteurs de la population virale marine serait à évaluer en France.

Une meilleure connaissance de la persistance du VHE dans l'environnement par l'étude de sa dynamique entre les réservoirs animaux et l'environnement, sa résistance aux températures, à la dessiccation, aux détergents et aux rayons UV permettraient de considérer les mesures de prévention les plus appropriées concernant toutes les voies de contamination possibles du VHE.

Une deuxième perspective de ce travail passera par l'utilisation des réplicons afin d'améliorer les connaissances jusqu'à présent limitée sur la biologie du VHE. L'infectiosité des réplicons sera prochainement vérifiée chez les porcs. Les variations d'infectiosité *in vivo* des réplicons de 3 sous-types différents seront étudiées afin de relier aux différences génotypiques observées. De même, *in vitro*, les différences de réplication et de production de protéines virales pourront être étudiées selon les sous-types et les modèles cellulaires considérés. Le développement de la quasiespèce à partir d'un clone unique pourrait être étudié, afin de mieux comprendre l'évolution du VHE et de lier les degrés de polymorphisme au passage d'hôte ou à la virulence. Enfin, la possibilité de manipulation du matériel génétique du virus et de vérification du phénotype correspondant ouvre de larges perspectives sur l'étude des interactions aux facteurs cellulaires, les déterminants de tropisme, de virulence et de fulminance ; études essentielles à la compréhension et la prévention des passages d'espèce du virus, de ses symptômes associés. Ces études pourraient à terme permettre de développer des molécules inhibitrices spécifiques permettant de contrôler ses infections.

CONCLUSION

Les 4 projets décrits dans ce manuscrit couvrent les aspects zoonotiques du virus de l'hépatite E par différentes études de génomique, soit l'étude des génomes d'un organisme. Ces études ont couvert les aspects phylogénétiques du VHE en France, ses variations adaptatives intra-génomiques, la composition et l'évolution de ses génomes et la mise en place d'outils de génomique fonctionnelle. Les objectifs de ces travaux ont été d'estimer la variabilité génétique et les aspects zoonotiques du VHE, démontrant sa particularité par rapport aux autres virus zoonotiques à ARN connus.

Dans la première partie de ce travail, il a été montré que les séquences de VHE autochtones circulant en France entre 2008 et 2009 étaient toutes de génotypes 3. Les 4 sous-types trouvés sur le territoire sont présents dans les mêmes proportions dans les populations humaine et porcine, indiquant une circulation active du virus entre les 2 hôtes. Les séquences de VHE isolées au sein d'un même élevage présentaient plus de 99% d'identité, reflétant le degré de diversité intra-souche. Trois paires de séquences isolées d'élevages différents ont été trouvées présentant plus de 99% d'identité. Les élevages d'isolement de ces séquences étaient géographiquement proches, laissant penser que la contamination des élevages se ferait par échange d'animaux entre fermes voisines, par mouvement de personnel entre fermes ou encore par contamination environnementale. Au contraire, 4 groupes de séquences humaines présentaient 100% d'identité. Ces cas humains ne partageaient pas de liens géographiques, laissant supposer que des contaminations environnementales ou par contact ne seraient pas impliquées dans ces cas. Des identités supérieures à 99% ont été trouvées sur 2 paires de séquences partielles isolées chez l'homme et le porc, sans lien géographique et les cas humains étant toujours postérieurs à l'isolement des séquences chez le porc. La distribution géographique des séquences ayant des identités quasi-parfaites est en faveur de contamination d'un réseau de distribution alimentaire plutôt qu'environnemental.

Dans la deuxième partie de ce travail, l'étude du passage d'espèce du VHE de génotype 3 humain chez le porc a été réalisé afin d'évaluer l'adaptation du génome consensus et de la quasiespèce au passage inter-espèce. L'infection expérimentale de porcs par voie orale à partir d'un échantillon humain a été productive et le virus a pu être entièrement séquencé de l'échantillon humain et des échantillons de bile et de fèces porcins. Le génome consensus des échantillons humains et porcins n'a pas été modifié au cours de la transmission inter-espèce. De plus, des changements majeurs de la quasiespèce n'ont pas été notés. Cette expérience démontre l'adaptation totale du VHE de génotype 3 à ses hôtes humains et porcins. La conservation de 29% des sites polymorphiques au cours de la transmission, laisse penser que ces sites pourraient être impliqués dans le phénomène de mémoire virale et qu'ils pourraient avoir une importance dans la transmission du virus. Il existe une pression de sélection négative le long du génome, à l'exception de la région hypervariable de l'ORF1 et la région chevauchante de l'ORF2 et l'ORF3 où s'opère une pression de sélection positive, indiquant que ces dernières régions pourraient être impliquées dans des fonctions régulatrices. L'importance phénotypique des sites polymorphiques conservés et des régions génomiques à pression de sélection positive dans la capacité d'infection du VHE pourront éventuellement être caractérisé à l'aide des réplicons.

Dans la troisième partie de ce travail, le séquençage et l'analyse de nouveaux génotypes complets représentatifs des sous-types circulant en France a été réalisé. Le séquençage complet d'un isolat classifié précédemment comme sous-type 3c a révélé la difficulté de classer les nouveaux génomes et le besoin de revoir la classification en sous-types. L'analyse de la structure des 3 nouveaux génomes en comparaison des génomes déjà disponible n'a pas révélé de déterminants d'espèce. L'analyse de l'usage des codons a révélé une absence de biais entre les séquences isolées chez l'homme et le porc, mais un biais particulier du génotype 1 par rapport aux autres génotypes. Le génotype 1 est exclusivement humain. Cette analyse du biais des codons a donc montré une évolution particulière des génotypes selon le nombre d'hôte qu'ils infectent. Cette analyse du biais des codons a aussi montré par un nouvel angle, le besoin de revoir la classification en sous-types en regard des nouveaux génomes séquencés.

Le VHE est un virus zoonotique à ARN particulier dont le réservoir animal majeur est domestique plutôt que sauvage et dont le mode de transmission potentiellement alimentaire et non exclusivement féco-oral contraste avec les autres virus zoonotiques et entériques. La possibilité d'infection alimentaire par les *Norovirus* résulte de la concentration des virus dans les mollusques par contamination environnementale plutôt que de leur réplication chez un hôte compétent. Bien que ce dernier mode d'infection ait été évoqué pour le VHE, le porc représente un risque majeur de par la forte concentration en VHE résultante de sa réplication à l'intérieur même de l'animal. Le VHE possède aussi le trait particulier de présenter plusieurs degrés d'adaptation zoonotique. Certaines espèces du VHE ne sont capables d'infecter que des espèces animales, certains génotypes de n'infecter que l'homme et d'autres enfin capables d'infecter l'homme et l'animal et provoquant ou non des infections secondaires humaines.

Les origines et modes de transmission multiples des contaminations potentielles au VHE en font donc un virus particulier. La résolution de ce problème de santé publique devra passer par la connaissance de tous les hôtes potentiels du VHE, de tous ses modes de transmissions, des doses nécessaires à l'infection et du degré d'exposition aux sources de VHE, de sa résistance dans l'environnement, des facteurs de risque et des déterminants génétiques associés à la virulence. La globalisation des échanges et les modifications climatiques vont amener à une préoccupation grandissante à propos de nombreuses maladies zoonotiques, comme le VHE. Les connaissances sur la biologie du VHE sont jusqu'à présent limitées par l'absence d'outils d'étude *in vitro*. Le développement de 2 nouveaux réplicons du VHE devrait permettre d'enrichir les connaissances sur ce virus zoonotique particulier.

BIBLIOGRAPHIE

Abe, K., Li, T.-C., Ding, X., Win, K.M., Shrestha, P.K., Quang, V.X., Ngoc, T.T., Taltavull, T.C., Smirnov, A.V., Uchaikin, V.F., Luengrojanakul, P., Gu, H., El-Zayadi, A.R., Prince, A.M., Kikuchi, K., Masaki, N., Inui, A., Sata, T., Takeda, N., 2006. International collaborative survey on epidemiology of hepatitis E virus in 11 countries. Southeast Asian J. Trop. Med. Public Health 37, 90–95.

Adamson, P.B., 1977. The spread of rabies into Europe and the probable origin of this disease in antiquity. J R Asiat Soc GB Irel 2, 140–144.

Aggarwal, R., Jameel, S., 2011. Hepatitis E. Hepatology 54, 2218–2226.

Agrawal, S., Gupta, D., Panda, S.K., 2001. The 3' end of hepatitis E virus (HEV) genome binds specifically to the viral RNA-dependent RNA polymerase (RdRp). Virology 282, 87–101.

Ansari, I.H., Nanda, S.K., Durgapal, H., Agrawal, S., Mohanty, S.K., Gupta, D., Jameel, S., Panda, S.K., 2000. Cloning, sequencing, and expression of the hepatitis E virus (HEV) nonstructural open reading frame 1 (ORF1). J. Med. Virol 60, 275–283.

Anty, R., Ollier, L., Péron, J.M., Nicand, E., Cannavo, I., Bongain, A., Giordanengo, V., Tran, A., 2012. First case report of an acute genotype 3 hepatitis E infected pregnant woman living in South-Eastern France. Journal of Clinical Virology: The Official Publication of the Pan American Society for Clinical Virology.

Arankalle, V.A., Chobe, L.P., Chadha, M.S., 2006. Type-IV Indian swine HEV infects rhesus monkeys. J. Viral Hepat. 13, 742–745.

Arankalle, V.A., Chobe, L.P., Joshi, M.V., Chadha, M.S., Kundu, B., Walimbe, A.M., 2002. Human and swine hepatitis E viruses from Western India belong to different genotypes. J. Hepatol. 36, 417–425.

Arias, A., Ruiz-Jarabo, C.M., Escarmís, C., Domingo, E., 2004. Fitness increase of memory genomes in a viral quasispecies. J. Mol. Biol. 339, 405–412.

Auewarakul, P., 2005. Composition bias and genome polarity of RNA viruses. Virus Res. 109, 33–37.

Bahir, I., Fromer, M., Prat, Y., Linial, M., 2009. Viral adaptation to host: a proteome-based analysis of codon usage and amino acid preferences. Mol. Syst. Biol. 5, 311.

Balayan, M.S., Andjaparidze, A.G., Savinskaya, S.S., Ketiladze, E.S., Braginsky, D.M., Savinov, A.P., Poleschuk, V.F., 1983. Evidence for a virus in non-A, non-B hepatitis transmitted via the fecal-oral route. Intervirology 20, 23–31.

Bank-Wolf, B.R., König, M., Thiel, H.-J., 2010. Zoonotic aspects of infections with noroviruses and sapoviruses. Vet. Microbiol. 140, 204–212.

Bass, B.L., 2002. RNA editing by adenosine deaminases that act on RNA. Annu. Rev. Biochem. 71, 817–846.

Biebricher, C.K., Eigen, M., 2005. The error threshold. Virus Res 107, 117–127.

Bishop, K.N., Holmes, R.K., Sheehy, A.M., Malim, M.H., 2004. APOBEC-mediated editing of viral RNA. Science 305, 645.

Blight, K.J., McKeating, J.A., Rice, C.M., 2002. Highly permissive cell lines for subgenomic and genomic hepatitis C virus RNA replication. J. Virol 76, 13001–13014.

Blight, K.J., Norgard, E., 2006. HCV Replicon Systems, Norfolk (UK): Horizon Bioscience. ed, Hepatitis C Viruses: Genomes and Molecular Biology. Tan SL.

Boadella, M., Casas, M., Martín, M., Vicente, J., Segalés, J., de la Fuente, J., Gortázar, C., 2010. Increasing contact with hepatitis E virus in red deer, Spain. Emerging Infect. Dis. 16, 1994–1996.

Bouquet, J., Tessé, S., Lunazzi, A., Eloit, M., Rose, N., Nicand, E., Pavio, N., 2011. Close similarity between sequences of hepatitis E virus recovered from humans and swine, France, 2008-2009. Emerging Infect. Dis. 17, 2018–2025.

Boutrouille, A., Bakkali-Kassimi, L., Crucière, C., Pavio, N., 2007. Prevalence of anti-hepatitis E virus antibodies in French blood donors. J. Clin. Microbiol 45, 2009–2010.

Bouwknegt, M., Engel, B., Herremans, M.M.P.T., Widdowson, M.A., Worm, H.C., Koopmans, M.P.G., Frankena, K., de Roda Husman, A.M., De Jong, M.C.M., Van Der Poel, W.H.M., 2008. Bayesian estimation of hepatitis E virus seroprevalence for populations with different exposure levels to swine in The Netherlands. Epidemiol. Infect 136, 567–576.

Brassard, J., Gagné, M.-J., Généreux, M., Côté, C., 2012. Detection of Human Foodborne and Zoonotic Viruses on Irrigated, Field-Grown Strawberries. Applied and Environmental Microbiology.

Brault, A.C., Huang, C.Y.-H., Langevin, S.A., Kinney, R.M., Bowen, R.A., Ramey, W.N., Panella, N.A., Holmes, E.C., Powers, A.M., Miller, B.R., 2007. A single positively selected West Nile viral mutation confers increased virogenesis in American crows. Nat. Genet. 39, 1162–1166.

Cameron, C.E., Moustafa, I.M., Arnold, J.J., 2009. Dynamics: the missing link between structure and function of the viral RNA-dependent RNA polymerase? Curr. Opin. Struct. Biol. 19, 768–774.

Carpentier, A., Chaussade, H., Rigaud, E., Rodriguez, J., Berthault, C., Boué, F., Tognon, M., Touzé, A., Garcia-Bonnet, N., Choutet, P., Coursaget, P., 2012. High HEV seroprevalence in forestry workers and in wild boars in France. Journal of clinical microbiology.

Casas, M., Pina, S., de Deus, N., Peralta, B., Martín, M., Segalés, J., 2009. Pigs orally inoculated with swine hepatitis E virus are able to infect contact sentinels. Vet. Microbiol 138, 78–84.

Chandra, V., Kar-Roy, A., Kumari, S., Mayor, S., Jameel, S., 2008. The hepatitis E virus ORF3 protein modulates epidermal growth factor receptor trafficking, STAT3 translocation, and the acute-phase response. J. Virol. 82, 7100–7110.

Chen, L.K., Lin, Y.L., Liao, C.L., Lin, C.G., Huang, Y.L., Yeh, C.T., Lai, S.C., Jan, J.T., Chin, C., 1996. Generation and characterization of organ-tropism mutants of Japanese encephalitis virus in vivo and in vitro. Virology 223, 79–88.

Christensen, P.B., Engle, R.E., Hjort, C., Homburg, K.M., Vach, W., Georgsen, J., Purcell, R.H., 2008. Time trend of the prevalence of hepatitis E antibodies among farmers and blood donors: a potential zoonosis in Denmark. Clin. Infect. Dis. 47, 1026–1031.

Coffey, L.L., Vignuzzi, M., 2011. Host alternation of chikungunya virus increases fitness while restricting population diversity and adaptability to novel selective pressures. J. Virol 85, 1025–1035.

Colson, P., Borentain, P., Queyriaux, B., Kaba, M., Moal, V., Gallian, P., Heyries, L., Raoult, D., Gerolami, R., 2010. Pig liver sausage as a source of hepatitis E virus transmission to humans. J. Infect. Dis 202, 825–834.

Colson, P., Coze, C., Gallian, P., Henry, M., De Micco, P., Tamalet, C., 2007. Transfusion-associated hepatitis E, France. Emerging Infect. Dis. 13, 648–649.

Combelas, N., Holmblat, B., Joffret, M.-L., Colbère-Garapin, F., Delpeyroux, F., 2011. Recombination between poliovirus and coxsackie A viruses of species C: a model of viral genetic plasticity and emergence. Viruses 3, 1460–1484.

Corne, P., Yeche, S., Gal, E., Alquier, Y., Reynaud, D., Dubois, F., Dubois, A., 1997. [Autochthonous viral hepatitis E in Languedoc-Roussillon]. Presse Med 26, 166.

Cossaboom, C.M., Córdoba, L., Dryman, B.A., Meng, X.-J., 2011. Hepatitis E virus in rabbits, Virginia, USA. Emerging Infect. Dis. 17, 2047–2049.

Cossaboom, C.M., Cordoba, L., Sanford, B.J., Pineyro, P., Kenney, S.P., Dryman, B.A., Wang, Y., Meng, X.-J., 2012. Cross-species infection of pigs with a novel rabbit, but not rat, strain of hepatitis E virus isolated in the United States. The Journal of General Virology.

Crotty, S., Cameron, C.E., Andino, R., 2001. RNA virus error catastrophe: direct molecular test by using ribavirin. Proc. Natl. Acad. Sci. U.S.A. 98, 6895–6900.

Dalekos, G.N., Zervou, E., Elisaf, M., Germanos, N., Galanakis, E., Bourantas, K., Siamopoulos, K.C., Tsianos, E.V., 1998. Antibodies to hepatitis E virus among several populations in Greece: increased prevalence in an hemodialysis unit. Transfusion 38, 589–595.

Dalton, H.R., Bendall, R., Ijaz, S., Banks, M., 2008. Hepatitis E: an emerging infection in developed countries. Lancet Infect Dis 8, 698–709.

Dalton, H.R., Bendall, R.P., Keane, F.E., Tedder, R.S., Ijaz, S., 2009. Persistent carriage of hepatitis E virus in patients with HIV infection. N. Engl. J. Med. 361, 1025–1027.

Dalton, H.R., Bendall, R.P., Rashid, M., Ellis, V., Ali, R., Ramnarace, R., Stableforth, W., Headdon, W., Abbott, R., McLaughlin, C., Froment, E., Hall, K.J., Michell, N.P., Thatcher, P., Henley, W.E., 2011. Host risk factors and autochthonous hepatitis E infection. Eur J Gastroenterol Hepatol.

Dalton, H.R., Stableforth, W., Thurairajah, P., Hazeldine, S., Remnarace, R., Usama, W., Farrington, L., Hamad, N., Sieberhagen, C., Ellis, V., Mitchell, J., Hussaini, S.H., Banks, M., Ijaz, S., Bendall, R.P., 2008. Autochthonous hepatitis E in Southwest England: natural history, complications and seasonal variation, and hepatitis E virus IgG seroprevalence in blood donors, the elderly and patients with chronic liver disease. Eur J Gastroenterol Hepatol 20, 784–790.

De Filette, M., Ulbert, S., Diamond, M., Sanders, N.N., 2012. Recent progress in West Nile virus diagnosis and vaccination. Vet. Res. 43, 16.

de Lédinghen, V., Mannant, P.R., Barrioz, T., Beauchant, M., 1996. [Acute viral hepatitis E in the Poitou-Charentes region]. Gastroenterol. Clin. Biol. 20, 210.

Dell'Amico, M.C., Cavallo, A., Gonzales, J.L., Bonelli, S.I., Valda, Y., Pieri, A., Segund, H., Ibañez, R., Mantella, A., Bartalesi, F., Tolari, F., Bartoloni, A., 2011. Hepatitis E virus genotype 3 in humans and Swine, Bolivia. Emerging Infect. Dis. 17, 1488–1490.

Demogines, A., Farzan, M., Sawyer, S.L., 2012. Evidence for ACE2-Utilizing Coronaviruses (CoVs) Related to Severe Acute Respiratory Syndrome CoV in Bats. J. Virol. 86, 6350–6353.

Donia, D., Dell'amico, M.C., Petrinca, A.R., Martinucci, I., Mazzei, M., Tolari, F., Divizia, M., 2012. Presence of Hepatitis E Rna In Mussels Used as Bio-Monitors of Viral Marine Pollution. Journal of virological methods.

Drexler, J.F., Seelen, A., Corman, V.M., Fumie Tateno, A., Cottontail, V., Melim Zerbinati, R., Gloza-Rausch, F., Klose, S.M., Adu-Sarkodie, Y., Oppong, S.K., Kalko, E.K.V., Osterman, A., Rasche, A., Adam, A., Müller, M.A., Ulrich, R.G., Leroy, E.M., Lukashev, A.N., Drosten, C., 2012. Bats worldwide carry hepatitis E-related viruses that form a putative novel genus within the family Hepeviridae. Journal of virology.

Egloff, M.-P., Malet, H., Putics, A., Heinonen, M., Dutartre, H., Frangeul, A., Gruez, A., Campanacci, V., Cambillau, C., Ziebuhr, J., Ahola, T., Canard, B., 2006. Structural and functional basis for ADP-ribose and poly(ADP-ribose) binding by viral macro domains. J. Virol. 80, 8493–8502.

Emerson, S.U., Nguyen, H., Graff, J., Stephany, D.A., Brockington, A., Purcell, R.H., 2004. In vitro replication of hepatitis E virus (HEV) genomes and of an HEV replicon expressing green fluorescent protein. J. Virol. 78, 4838–4846.

Emerson, S.U., Nguyen, H.T., Torian, U., Burke, D., Engle, R., Purcell, R.H., 2010. Release of genotype 1 hepatitis E virus from cultured hepatoma and polarized intestinal cells depends on open reading frame 3 protein and requires an intact PXXP motif. J. Virol. 84, 9059–9069.

Emerson, S.U., Zhang, M., Meng, X.J., Nguyen, H., St Claire, M., Govindarajan, S., Huang, Y.K., Purcell, R.H., 2001. Recombinant hepatitis E virus genomes infectious for primates: importance of capping and discovery of a cis-reactive element. Proc. Natl. Acad. Sci. U.S.A 98, 15270–15275.

Emonet, S., Retornaz, K., Gonzalez, J.-P., de Lamballerie, X., Charrel, R.N., 2007. Mouse-to-human transmission of variant lymphocytic choriomeningitis virus. Emerging Infect. Dis. 13, 472–475.

Feagins, A.R., Opriessnig, T., Huang, Y.W., Halbur, P.G., Meng, X.J., 2008. Cross-species infection of specific-pathogen-free pigs by a genotype 4 strain of human hepatitis E virus. J. Med. Virol. 80, 1379–1386.

Fu, H., Li, L., Zhu, Y., Wang, L., Geng, J., Chang, Y., Xue, C., Du, G., Li, Y., Zhuang, H., 2010. Hepatitis E virus infection among animals and humans in Xinjiang, China: possibility of swine to human transmission of sporadic hepatitis E in an endemic area. Am. J. Trop. Med. Hyg 82, 961–966.

Furuse, Y., Shimabukuro, K., Odagiri, T., Sawayama, R., Okada, T., Khandaker, I., Suzuki, A., Oshitani, H., 2010. Comparison of selection pressures on the HA gene of pandemic (2009) and seasonal human and swine influenza A H1 subtype viruses. Virology 405, 314–321.

Gao, Y., Zhang, Y., Shinya, K., Deng, G., Jiang, Y., Li, Z., Guan, Y., Tian, G., Li, Y., Shi, J., Liu, L., Zeng, X., Bu, Z., Xia, X., Kawaoka, Y., Chen, H., 2009. Identification of amino acids in HA and PB2 critical for the transmission of H5N1 avian influenza viruses in a mammalian host. PLoS Pathog. 5, e1000709.

Geng, J., Fu, H., Wang, L., Bu, Q., Liu, P., Wang, M., Sui, Y., Wang, X., Zhu, Y., Zhuang, H., 2011. Phylogenetic analysis of the full genome of rabbit hepatitis E virus (rbHEV) and molecular biologic study on the possibility of cross species transmission of rbHEV. Infect Genet Evol.

Georgescu, M.M., Delpeyroux, F., Tardy-Panit, M., Balanant, J., Combiescu, M., Combiescu, A.A., Guillot, S., Crainic, R., 1994. High diversity of poliovirus strains isolated from the central nervous system from patients with vaccine-associated paralytic poliomyelitis. J. Virol. 68, 8089–8101.

Graff, J., Nguyen, H., Yu, C., Elkins, W.R., St Claire, M., Purcell, R.H., Emerson, S.U., 2005. The open reading frame 3 gene of hepatitis E virus contains a cis-reactive element and encodes a protein required for infection of macaques. J. Virol 79, 6680–6689.

Graff, J., Torian, U., Nguyen, H., Emerson, S.U., 2006. A bicistronic subgenomic mRNA encodes both the ORF2 and ORF3 proteins of hepatitis E virus. The Journal of Virology 80, 5919.

Grandadam, M., Tebbal, S., Caron, M., Siriwardana, M., Larouze, B., Koeck, J.L., Buisson, Y., Enouf, V., Nicand, E., 2004. Evidence for hepatitis E virus quasispecies. J. Gen. Virol 85, 3189–3194.

Greenbaum, B.D., Levine, A.J., Bhanot, G., Rabadan, R., 2008. Patterns of evolution and host gene mimicry in influenza and other RNA viruses. PLoS Pathog. 4, e1000079.

Hahn, C.S., Lustig, S., Strauss, E.G., Strauss, J.H., 1988. Western equine encephalitis virus is a recombinant virus. Proc. Natl. Acad. Sci. U.S.A. 85, 5997–6001.

Hakze-van der Honing, R.W., van Coillie, E., Antonis, A.F.G., van der Poel, W.H.M., 2011. First isolation of hepatitis E virus genotype 4 in Europe through swine surveillance in the Netherlands and Belgium. PLoS ONE 6, e22673.

Haqshenas, G., Huang, F.F., Fenaux, M., Guenette, D.K., Pierson, F.W., Larsen, C.T., Shivaprasad, H.L., Toth, T.E., Meng, X.J., 2002. The putative capsid protein of the newly identified avian hepatitis E virus shares antigenic epitopes with that of swine and human hepatitis E viruses and chicken big liver and spleen disease virus. J. Gen. Virol. 83, 2201–2209.

Haqshenas, G., Shivaprasad, H.L., Woolcock, P.R., Read, D.H., Meng, X.J., 2001. Genetic identification and characterization of a novel virus related to human hepatitis E virus from chickens with hepatitis-splenomegaly syndrome in the United States. J. Gen. Virol. 82, 2449–2462.

Herring, B.L., Bernardin, F., Caglioti, S., Stramer, S., Tobler, L., Andrews, W., Cheng, L., Rampersad, S., Cameron, C., Saldanha, J., Busch, M.P., Delwart, E., 2007. Phylogenetic analysis of WNV in North American blood donors during the 2003-2004 epidemic seasons. Virology 363, 220–228.

Hjelle, B., Tórrez-Martínez, N., Koster, F.T., Jay, M., Ascher, M.S., Brown, T., Reynolds, P., Ettestad, P., Voorhees, R.E., Sarisky, J., Enscore, R.E., Sands, L., Mosley, D.G., Kioski, C., Bryan, R.T., Sewell, C.M., 1996. Epidemiologic linkage of rodent and human hantavirus genomic sequences in case investigations of hantavirus pulmonary syndrome. J. Infect. Dis. 173, 781–786.

Holmes, E.C., 2003. Patterns of intra- and interhost nonsynonymous variation reveal strong purifying selection in dengue virus. J. Virol. 77, 11296–11298.

Hon, C.-C., Lam, T.-Y., Shi, Z.-L., Drummond, A.J., Yip, C.-W., Zeng, F., Lam, P.-Y., Leung, F.C.-C., 2008. Evidence of the recombinant origin of a bat severe acute respiratory syndrome (SARS)-like coronavirus and its implications on the direct ancestor of SARS coronavirus. J. Virol. 82, 1819–1826.

Hsieh, S.Y., Meng, X.J., Wu, Y.H., Liu, S.T., Tam, A.W., Lin, D.Y., Liaw, Y.F., 1999. Identity of a novel swine hepatitis E virus in Taiwan forming a monophyletic group with Taiwan isolates of human hepatitis E virus. J. Clin. Microbiol. 37, 3828–3834.

Huang, C.C., Nguyen, D., Fernandez, J., Yun, K.Y., Fry, K.E., Bradley, D.W., Tam, A.W., Reyes, G.R., 1992. Molecular cloning and sequencing of the Mexico isolate of hepatitis E virus (HEV). Virology 191, 550–558.

Huang, F.F., Pierson, F.W., Toth, T.E., Meng, X.J., 2005. Construction and characterization of infectious cDNA clones of a chicken strain of hepatitis E virus (HEV), avian HEV. J. Gen. Virol. 86, 2585–2593.

Huang, F.F., Sun, Z.F., Emerson, S.U., Purcell, R.H., Shivaprasad, H.L., Pierson, F.W., Toth, T.E., Meng, X.J., 2004. Determination and analysis of the complete genomic sequence of avian hepatitis E virus (avian HEV) and attempts to infect rhesus monkeys with avian HEV. J. Gen. Virol. 85, 1609–1618.

Huang, R., Nakazono, N., Ishii, K., Li, D., Kawamata, O., Kawaguchi, R., Tsukada, Y., 1995. Hepatitis E virus (87A strain) propagated in A549 cells. J. Med. Virol. 47, 299–302.

Huang, Y.W., Haqshenas, G., Kasorndorkbua, C., Halbur, P.G., Emerson, S.U., Meng, X.J., 2005. Capped RNA transcripts of full-length cDNA clones of swine hepatitis E virus are replication competent when transfected into Huh7 cells and infectious when intrahepatically inoculated into pigs. J. Virol 79, 1552–1558.

Huang, Y.W., Opriessnig, T., Halbur, P.G., Meng, X.J., 2007. Initiation at the third in-frame AUG codon of open reading frame 3 of the hepatitis E virus is essential for viral infectivity in vivo. J. Virol. 81, 3018–3026.

Ichiyama, K., Yamada, K., Tanaka, T., Nagashima, S., Jirintai, Takahashi, M., Okamoto, H., 2009. Determination of the 5'-terminal sequence of subgenomic RNA of hepatitis E virus strains in cultured cells. Arch. Virol 154, 1945–1951.

Inoue, J., Nishizawa, T., Takahashi, M., Aikawa, T., Mizuo, H., Suzuki, K., Shimosegawa, T., Okamoto, H., 2006. Analysis of the full-length genome of genotype 4 hepatitis E virus isolates from patients with fulminant or acute self-limited hepatitis E. J. Med. Virol 78, 476–484.

Inoue, J., Takahashi, M., Mizuo, H., Suzuki, K., Aikawa, T., Shimosegawa, T., Okamoto, H., 2009. Nucleotide substitutions of hepatitis E virus genomes associated with fulminant hepatitis and disease severity. Tohoku J. Exp. Med 218, 279–284.

Jameel, S., Zafrullah, M., Ozdener, M.H., Panda, S.K., 1996. Expression in animal cells and characterization of the hepatitis E virus structural proteins. J. Virol 70, 207–216.

Jenkins, G.M., Holmes, E.C., 2003. The extent of codon usage bias in human RNA viruses and its evolutionary origin. Virus Res. 92, 1–7.

Jerzak, G., Bernard, K.A., Kramer, L.D., Ebel, G.D., 2005. Genetic variation in West Nile virus from naturally infected mosquitoes and birds suggests quasispecies structure and strong purifying selection. J. Gen. Virol 86, 2175–2183.

Jerzak, G.V.S., Brown, I., Shi, P.-Y., Kramer, L.D., Ebel, G.D., 2008. Genetic diversity and purifying selection in West Nile virus populations are maintained during host switching. Virology 374, 256–260.

Johne, R., Heckel, G., Plenge-Bönig, A., Kindler, E., Maresch, C., Reetz, J., Schielke, A., Ulrich, R.G., 2010. Novel hepatitis E virus genotype in Norway rats, Germany. Emerging Infect. Dis 16, 1452–1455.

Kaba, M., Davoust, B., Marié, J.-L., Colson, P., 2009. Detection of hepatitis E virus in wild boar (Sus scrofa) livers. Vet. J.

Kalia, M., Chandra, V., Rahman, S.A., Sehgal, D., Jameel, S., 2009. Heparan sulfate proteoglycans are required for cellular binding of the hepatitis E virus ORF2 capsid protein and for viral infection. J. Virol. 83, 12714–12724.

Kamar, N., Bendall, R.P., Bendall, R.P., Peron, J.M., Cintas, P., Prudhomme, L., Mansuy, J.M., Rostaing, L., Keane, F., Ijaz, S., Izopet, J., Dalton, H.R., 2011. Hepatitis E Virus and Neurologic Disorders. Emerg Infect Dis 17, 173–179.

Kamar, N., Izopet, J., Cintas, P., Garrouste, C., Uro-Coste, E., Cointault, O., Rostaing, L., 2010. Hepatitis e virus-induced neurological symptoms in a kidney-transplant patient with chronic hepatitis. Am. J. Transplant 10, 1321–1324.

Kamar, N., Rostaing, L., Abravanel, F., Garrouste, C., Esposito, L., Cardeau-Desangles, I., Mansuy, J.M., Selves, J., Peron, J.M., Otal, P., Muscari, F., Izopet, J., 2010. Pegylated interferon-alpha for treating chronic hepatitis E virus infection after liver transplantation. Clin. Infect. Dis. 50, e30–33.

Kamar, N., Rostaing, L., Abravanel, F., Garrouste, C., Lhomme, S., Esposito, L., Basse, G., Cointault, O., Ribes, D., Nogier, M.B., Alric, L., Peron, J.M., Izopet, J., 2010. Ribavirin therapy inhibits viral replication in patients with chronic hepatitis E virus infection. Gastroenterology.

Kamar, N., Selves, J., Mansuy, J.-M., Ouezzani, L., Péron, J.-M., Guitard, J., Cointault, O., Esposito, L., Abravanel, F., Danjoux, M., Durand, D., Vinel, J.-P., Izopet, J., Rostaing, L., 2008. Hepatitis E virus and chronic hepatitis in organ-transplant recipients. N. Engl. J. Med 358, 811–817.

Kapur, N., Thakral, D., Durgapal, H., Panda, S.K., 2012. Hepatitis E virus enters liver cells through receptor-dependent clathrin-mediated endocytosis. J. Viral Hepat. 19, 436–448.

Karetnyï, I.V., Dzhumalieva, D.I., Usmanov, R.K., Titova, I.P., Litvak, I.I., Balaian, M.S., 1993. [The possible involvement of rodents in the spread of viral hepatitis E]. Zh. Mikrobiol. Epidemiol. Immunobiol. 52–56.

Karpe, Y.A., Lole, K.S., 2010. NTPase and 5' to 3' RNA duplex-unwinding activities of the hepatitis E virus helicase domain. J. Virol. 84, 3595–3602.

Kasorndorkbua, C., Opriessnig, T., Huang, F.F., Guenette, D.K., Thomas, P.J., Meng, X.-J., Halbur, P.G., 2005. Infectious swine hepatitis E virus is present in pig manure storage facilities on United States farms, but evidence of water contamination is lacking. Appl. Environ. Microbiol. 71, 7831–7837.

Kasorndorkbua, C., Thacker, B.J., Halbur, P.G., Guenette, D.K., Buitenwerf, R.M., Royer, R.L., Meng, X.-J., 2003. Experimental infection of pregnant gilts with swine hepatitis E virus. Can. J. Vet. Res. 67, 303–306.

Khatchikian, D., Orlich, M., Rott, R., 1989. Increased viral pathogenicity after insertion of a 28S ribosomal RNA sequence into the haemagglutinin gene of an influenza virus. Nature 340, 156–157.

Khuroo, M.S., 1980. Study of an epidemic of non-A, non-B hepatitis. Possibility of another human hepatitis virus distinct from post-transfusion non-A, non-B type. Am. J. Med. 68, 818–824.

Khuroo, M.S., 2011. Discovery of hepatitis E: the epidemic non-A, non-B hepatitis 30 years down the memory lane. Virus Res. 161, 3–14.

Khuroo, M.S., Kamili, S., Jameel, S., 1995. Vertical transmission of hepatitis E virus. Lancet 345, 1025–1026.

Khuroo, M.S., Kamili, S., Yattoo, G.N., 2004. Hepatitis E virus infection may be transmitted through blood transfusions in an endemic area. J. Gastroenterol. Hepatol. 19, 778–784.

Kilpatrick, A.M., 2011. Globalization, land use, and the invasion of West Nile virus. Science 334, 323–327.

Klinman, D.M., Yi, A.K., Beaucage, S.L., Conover, J., Krieg, A.M., 1996. CpG Motifs Present in Bacteria DNA Rapidly Induce Lymphocytes to Secrete Interleukin 6, Interleukin 12, and Interferon Gamma. PNAS 93, 2879–2883.

Koizumi, Y., Isoda, N., Sato, Y., Iwaki, T., Ono, K., Ido, K., Sugano, K., Takahashi, M., Nishizawa, T., Okamoto, H., 2004. Infection of a Japanese patient by genotype 4 hepatitis e virus while traveling in Vietnam. J. Clin. Microbiol. 42, 3883–3885.

Koonin, E.V., Gorbalenya, A.E., Purdy, M.A., Rozanov, M.N., Reyes, G.R., Bradley, D.W., 1992. Computer-assisted assignment of functional domains in the nonstructural polyprotein of hepatitis E virus: delineation of an additional group of positive-strand RNA plant and animal viruses. Proc. Natl. Acad. Sci. U.S.A. 89, 8259–8263.

Krawczynski, K., Meng, X.-J., Rybczynska, J., 2011. Pathogenetic elements of hepatitis E and animal models of HEV infection. Virus Res 161, 78–83.

Krumbholz, A., Mohn, U., Lange, J., Motz, M., Wenzel, J.J., Jilg, W., Walther, M., Straube, E., Wutzler, P., Zell, R., 2012. Prevalence of hepatitis E virus-specific antibodies in humans with occupational exposure to pigs. Med. Microbiol. Immunol. 201, 239–244.

Kwon, H.M., Sung, H.W., Meng, X.-J., 2012. Serological prevalence, genetic identification, and characterization of the first strains of avian hepatitis E virus from chickens in Korea. Virus genes.

Lancaster, K.Z., Pfeiffer, J.K., 2012. Viral population dynamics and virulence thresholds. Current Opinion in Microbiology.

Lauring, A.S., Andino, R., 2010. Quasispecies theory and the behavior of RNA viruses. PLoS Pathog 6, e1001005.

Legrand-Abravanel, F., Mansuy, J.-M., Dubois, M., Kamar, N., Peron, J.-M., Rostaing, L., Izopet, J., 2009. Hepatitis E virus genotype 3 diversity, France. Emerging Infect. Dis 15, 110–114.

Lhomme, S., Abravanel, F., Dubois, M., Sandres Saune, K., Rostaing, L., Kamar, N., Izopet, J., 2012. HEV Quasispecies and the Outcome of Acute Hepatitis E in Solid-Organ Transplant Patients. Journal of virology.

Li, T.-C., Miyamura, T., Takeda, N., 2007. Detection of hepatitis E virus RNA from the bivalve Yamato-Shijimi (Corbicula japonica) in Japan. Am. J. Trop. Med. Hyg. 76, 170–172.

Li, T.-C., Yoshimatsu, K., Yasuda, S.P., Arikawa, J., Koma, T., Kataoka, M., Ami, Y., Suzaki, Y., Mai, L.T.Q., Hoa, N.T., Yamashiro, T., Hasebe, F., Takeda, N., Wakita, T., 2011. Characterization of self-assembled virus-like particles of rat hepatitis E virus generated by recombinant baculoviruses. J. Gen. Virol. 92, 2830–2837.

Lu, L., Li, C., Hagedorn, C.H., 2006. Phylogenetic analysis of global hepatitis E virus sequences: genetic diversity, subtypes and zoonosis. Rev. Med. Virol 16, 5–36.

Luciano, L., Martel, C., De Pina, J.-J., Tesse, S., Merens, A., Roque, A.M., Guisset, M., Brardjanian, S., Coton, T., 2012. Genotype 3f predominance in symptomatic acute autochthonous hepatitis E: A short case series in south-eastern France. Clin Res Hepatol Gastroenterol 36, e54–55.

Ma, H., Zheng, L., Liu, Y., Zhao, C., Harrison, T.J., Ma, Y., Sun, S., Zhang, J., Wang, Y., 2010. Experimental infection of rabbits with rabbit and genotypes 1 and 4 hepatitis E viruses. PLoS ONE 5, e9160.

Ma, W., Brenner, D., Wang, Z., Dauber, B., Ehrhardt, C., Högner, K., Herold, S., Ludwig, S., Wolff, T., Yu, K., Richt, J.A., Planz, O., Pleschka, S., 2010. The NS segment of an H5N1 highly pathogenic avian influenza virus (HPAIV) is sufficient to alter replication efficiency, cell tropism, and host range of an H7N1 HPAIV. J. Virol. 84, 2122–2133.

Maalouf, H., Zakhour, M., Le Pendu, J., Le Saux, J.-C., Atmar, R.L., Le Guyader, F.S., 2010. Distribution in tissue and seasonal variation of norovirus genogroup I and II ligands in oysters. Appl. Environ. Microbiol. 76, 5621–5630.

Magden, J., Takeda, N., Li, T., Auvinen, P., Ahola, T., Miyamura, T., Merits, A., Kääriäinen, L., 2001. Virus-specific mRNA capping enzyme encoded by hepatitis E virus. J. Virol. 75, 6249–6255.

Mansuy, J.M., Abravanel, F., Miedouge, M., Mengelle, C., Merviel, C., Dubois, M., Kamar, N., Rostaing, L., Alric, L., Moreau, J., Peron, J.M., Izopet, J., 2009. Acute hepatitis E in south-west France over a 5-year period. J. Clin. Virol. 44, 74–77.

Mansuy, J.-M., Bendall, R., Legrand-Abravanel, F., Sauné, K., Miédouge, M., Ellis, V., Rech, H., Destruel, F., Kamar, N., Dalton, H.R., Izopet, J., 2011. Hepatitis E virus antibodies in blood donors, France. Emerging Infect. Dis. 17, 2309–2312.

Mansuy, J.M., Legrand-Abravanel, F., Calot, J.P., Peron, J.M., Alric, L., Agudo, S., Rech, H., Destruel, F., Izopet, J., 2008. High prevalence of anti-hepatitis E virus antibodies in blood donors from South West France. J. Med. Virol 80, 289–293.

Marek, A., Bilic, I., Prokofieva, I., Hess, M., 2010. Phylogenetic analysis of avian hepatitis E virus samples from European and Australian chicken flocks supports the existence of a different genus within the Hepeviridae comprising at least three different genotypes. Veterinary Microbiology 145, 54–61.

Mast, E.E., Krawczynski, K., 1996. Hepatitis E: an overview. Annu. Rev. Med. 47, 257–266.

McCreary, C., Martelli, F., Grierson, S., Ostanello, F., Nevel, A., Banks, M., 2008. Excretion of hepatitis E virus by pigs of different ages and its presence in slurry stores in the United Kingdom. Vet. Rec 163, 261–265.

McLauchlan, 2000. Properties of the hepatitis C virus core protein: a structural protein that modulates cellular processes. Journal of Viral Hepatitis 7, 2–14.

Meng, X., Anderson, D., Arankalle, V., Emerson, S., Harrison, T., Jameel, S., Okamoto, H., 2011. Hepeviridae, in: Virus Taxonomy, 9th Report of the ICTV. King AMQ, E. Carstens, M. Adams, and E. Lefkowitz (eds), Elsevier/Academic Press, London, pp. 991–998.

Meng, X.J., Halbur, P.G., Haynes, J.S., Tsareva, T.S., Bruna, J.D., Royer, R.L., Purcell, R.H., Emerson, S.U., 1998. Experimental infection of pigs with the newly identified swine hepatitis E virus (swine HEV), but not with human strains of HEV. Arch. Virol. 143, 1405–1415.

Meng, X.J., Halbur, P.G., Shapiro, M.S., Govindarajan, S., Bruna, J.D., Mushahwar, I.K., Purcell, R.H., Emerson, S.U., 1998. Genetic and experimental evidence for cross-species infection by swine hepatitis E virus. J. Virol 72, 9714–9721.

Meng, X.J., Purcell, R.H., Halbur, P.G., Lehman, J.R., Webb, D.M., Tsareva, T.S., Haynes, J.S., Thacker, B.J., Emerson, S.U., 1997. A novel virus in swine is closely related to the human hepatitis E virus. Proc. Natl. Acad. Sci. U.S.A 94, 9860–9865.

Meng, X.J., Wiseman, B., Elvinger, F., Guenette, D.K., Toth, T.E., Engle, R.E., Emerson, S.U., Purcell, R.H., 2002. Prevalence of antibodies to hepatitis E virus in veterinarians working with swine and in normal blood donors in the United States and other countries. J. Clin. Microbiol 40, 117–122.

Ministère de l'Economie, des Finances et de l'Industrie, 2010. Décret no 2009-1707 du 30 décembre 2009. Journal Officiel de la République Française.

Moal, V., Gerolami, R., Colson, P., 2012. First Human Case of Co-Infection with Two Different Subtypes of Hepatitis E Virus. Intervirology.

Moin, S.M., Panteva, M., Jameel, S., 2007. The hepatitis E virus Orf3 protein protects cells from mitochondrial depolarization and death. J. Biol. Chem. 282, 21124–21133.

Morrill, J.C., Ikegami, T., Yoshikawa-Iwata, N., Lokugamage, N., Won, S., Terasaki, K., Zamoto-Niikura, A., Peters, C.J., Makino, S., 2010. Rapid accumulation of virulent rift valley Fever virus in mice from an attenuated virus carrying a single nucleotide substitution in the m RNA. PLoS ONE 5, e9986.

Mueller, S., Coleman, J.R., Papamichail, D., Ward, C.B., Nimnual, A., Futcher, B., Skiena, S., Wimmer, E., 2010. Live attenuated influenza virus vaccines by computer-aided rational design. Nat. Biotechnol. 28, 723–726.

Nagy, P.D., Simon, A.E., 1997. New insights into the mechanisms of RNA recombination. Virology 235, 1–9.

Nakamura, M., Takahashi, K., Taira, K., Taira, M., Ohno, A., Sakugawa, H., Arai, M., Mishiro, S., 2006. Hepatitis E virus infection in wild mongooses of Okinawa, Japan: Demonstration of anti-HEV antibodies and a full-genome nucleotide sequence. Hepatol. Res 34, 137–140.

Nakano, T., Okano, H., Kobayashi, M., Ito, K., Ohmori, S., Nomura, T., Kato, H., Ayada, M., Nakano, Y., Akachi, S., Sugimoto, K., Fujita, N., Shiraki, K., Takei, Y., Takahashi, M., Okamoto, H., 2012. Molecular epidemiology and genetic history of European-type genotype 3 hepatitis E virus indigenized in the central region of Japan. Infection, genetics and evolution: journal of molecular epidemiology and evolutionary genetics in infectious diseases.

Nguyen, H.T., Torian, U., Faulk, K., Mather, K., Engle, R.E., Thompson, E., Bonkovsky, H.L., Emerson, S.U., 2012. A naturally occurring human/hepatitis E recombinant virus predominates in serum but not in faeces of a chronic hepatitis E patient and has a growth advantage in cell culture. J. Gen. Virol. 93, 526–530.

Nishizawa, T., Takahashi, M., Mizuo, H., Miyajima, H., Gotanda, Y., Okamoto, H., 2003. Characterization of Japanese swine and human hepatitis E virus isolates of genotype IV with 99 % identity over the entire genome. J. Gen. Virol 84, 1245–1251.

Okamoto, H., 2011. Efficient cell culture systems for hepatitis E virus strains in feces and circulating blood. Rev. Med. Virol 21, 18–31.

Olsen, B., Axelsson-Olsson, D., Thelin, A., Weiland, O., 2006. Unexpected high prevalence of IgG-antibodies to hepatitis E virus in Swedish pig farmers and controls. Scand. J. Infect. Dis. 38, 55–58.

Ossowski, S., Schneeberger, K., Lucas-Lledó, J.I., Warthmann, N., Clark, R.M., Shaw, R.G., Weigel, D., Lynch, M., 2010. The rate and molecular spectrum of spontaneous mutations in Arabidopsis thaliana. Science 327, 92–94.

Panda, S.K., Ansari, I.H., Durgapal, H., Agrawal, S., Jameel, S., 2000. The in vitro-synthesized RNA from a cDNA clone of hepatitis E virus is infectious. J. Virol. 74, 2430–2437.

Pardoe, I.U., Grewal, K.K., Baldeh, M.P., Hamid, J., Burness, A.T., 1990. Persistent infection of K562 cells by encephalomyocarditis virus. J. Virol. 64, 6040–6044.

Pavio, N., Meng, X.-J., Renou, C., 2010. Zoonotic hepatitis E: animal reservoirs and emerging risks. Vet Res 41, 46.

Peralta, B., Mateu, E., Casas, M., de Deus, N., Martín, M., Pina, S., 2009. Genetic characterization of the complete coding regions of genotype 3 hepatitis E virus isolated from Spanish swine herds. Virus Res 139, 111–116.

Péron, J.-M., Mansuy, J.-M., Récher, C., Bureau, C., Poirson, H., Alric, L., Izopet, J., Vinel, J.-P., 2006. Prolonged hepatitis E in an immunocompromised patient. J. Gastroenterol. Hepatol. 21, 1223–1224.

Pfeiffer, J.K., Kirkegaard, K., 2003. A single mutation in poliovirus RNA-dependent RNA polymerase confers resistance to mutagenic nucleotide analogs via increased fidelity. Proc. Natl. Acad. Sci. U.S.A. 100, 7289–7294.

Pischke, S., Suneetha, P.V., Baechlein, C., Barg-Hock, H., Heim, A., Kamar, N., Schlue, J., Strassburg, C.P., Lehner, F., Raupach, R., Bremer, B., Magerstedt, P., Cornberg, M., Seehusen, F., Baumgaertner, W., Klempnauer, J., Izopet, J., Manns, M.P., Grummer, B., Wedemeyer, H., 2010. Hepatitis E virus infection as a cause of graft hepatitis in liver transplant recipients. Liver Transpl. 16, 74–82.

Plyusnin, A., 2002. Genetics of hantaviruses: implications to taxonomy. Arch. Virol. 147, 665–682.

Plyusnin, A., Vapalahti, O., Lehväslaiho, H., Apekina, N., Mikhailova, T., Gavrilovskaya, I., Laakkonen, J., Niemimaa, J., Henttonen, H., Brummer-Korvenkontio, M., 1995. Genetic variation of wild Puumala viruses within the serotype, local rodent populations and individual animal. Virus Res. 38, 25–41.

Pourpongporn, P., Samransurp, K., Rojanasang, P., Wiwattanakul, S., Srisurapanon, S., 2009. The prevalence of anti-hepatitis E in occupational risk groups. J Med Assoc Thai 92 Suppl 3, S38–42.

Purcell, R.H., Emerson, S.U., 2008. Hepatitis E: an emerging awareness of an old disease. J. Hepatol 48, 494–503.

Purcell, R.H., Engle, R.E., Rood, M.P., Kabrane-Lazizi, Y., Nguyen, H.T., Govindarajan, S., St Claire, M., Emerson, S.U., 2011. Hepatitis E virus in rats, Los Angeles, California, USA. Emerging Infect. Dis. 17, 2216–2222.

Purdy, M.A., Dell'amico, M.C., Gonzales, J.L., Segundo, H., Tolari, F., Mazzei, M., Bartoloni, A., Khudyakov, Y.E., 2012. Human and porcine hepatitis e viruses, southeastern bolivia. Emerging Infect. Dis. 18, 339–340.

Purdy, M.A., Khudyakov, Y.E., 2010. Evolutionary history and population dynamics of hepatitis e virus. PLoS ONE 5, e14376.

Purdy, M.A., Khudyakov, Y.E., 2011. The molecular epidemiology of hepatitis E virus infection. Virus Res. 161, 31–39.

Purdy, M.A., Lara, J., Khudyakov, Y.E., 2012. The hepatitis e virus polyproline region is involved in viral adaptation. PLoS ONE 7, e35974.

Rabadan, R., Levine, A.J., Robins, H., 2006. Comparison of avian and human influenza A viruses reveals a mutational bias on the viral genomes. J. Virol. 80, 11887–11891.

Racaniello, V.R., Baltimore, D., 1981. Cloned poliovirus complementary DNA is infectious in mammalian cells. Science 214, 916–919.

Rein, D.B., Stevens, G., Theaker, J., Wittenborn, J.S., Wiersma, S.T., 2011. The global burden of hepatitis E virus. Hepatology (Baltimore, Md.).

Renou, C., Moreau, X., Pariente, A., Cadranel, J.-F., Maringe, E., Morin, T., Causse, X., Payen, J.-L., Izopet, J., Nicand, E., Bourlière, M., Penaranda, G., Hardwigsen, J., Gerolami, R., Péron, J.-M., Pavio, N., 2008. A national survey of acute hepatitis E in France. Aliment. Pharmacol. Ther 27, 1086–1093.

Renou, C., Pariente, A., Cadranel, J.-F., Nicand, E., Pavio, N., 2011. Clinically silent forms may partly explain the rarity of acute cases of autochthonous genotype 3c hepatitis E infection in France. J. Clin. Virol 51, 139–141.

Renou, C., Pariente, A., Nicand, E., Pavio, N., 2008. Pathogenesis of Hepatitis E in pregnancy. Liver Int 28, 1465; author reply 1466.

Reuter, G., Fodor, D., Forgách, P., Kátai, A., Szucs, G., 2009. Characterization and zoonotic potential of endemic hepatitis E virus (HEV) strains in humans and animals in Hungary. J. Clin. Virol 44, 277–281.

Reyes, G.R., Purdy, M.A., Kim, J.P., Luk, K.C., Young, L.M., Fry, K.E., Bradley, D.W., 1990. Isolation of a cDNA from the virus responsible for enterically transmitted non-A, non-B hepatitis. Science 247, 1335–1339.

Rogée, S., Talbot, N., Caperna, T., Bouquet, J., Barnaud, E., Pavio, N., 2012. Development of in vitro models for hepatitis E virus replication in porcine or human hepatocyte cell lines. submitted.

Rolfe, K.J., Curran, M.D., Mangrolia, N., Gelson, W., Alexander, G.J.M., L'estrange, M., Vivek, R., Tedder, R., Ijaz, S., 2010. First case of genotype 4 human hepatitis E virus infection acquired in India. J. Clin. Virol 48, 58–61.

Ropp, S.L., Tam, A.W., Beames, B., Purdy, M., Frey, T.K., 2000. Expression of the hepatitis E virus ORF1. Arch. Virol 145, 1321–1337.

Rose, N., Lunazzi, A., Dorenlor, V., Merbah, T., Eono, F., Eloit, M., Madec, F., Pavio, N., 2011. High prevalence of Hepatitis E virus in French domestic pigs. Comp. Immunol. Microbiol. Infect. Dis. 34, 419–427.

Rutjes, S.A., Lodder, W.J., Lodder-Verschoor, F., van den Berg, H.H.J.L., Vennema, H., Duizer, E., Koopmans, M., de Roda Husman, A.M., 2009. Sources of hepatitis E virus genotype 3 in The Netherlands. Emerging Infect. Dis 15, 381–387.

Rutjes, S.A., Lodder-Verschoor, F., Lodder, W.J., van der Giessen, J., Reesink, H., Bouwknegt, M., de Roda Husman, A.M., 2010. Seroprevalence and molecular detection of hepatitis E virus in wild boar and red deer in The Netherlands. J. Virol. Methods 168, 197–206.

Said, B., Ijaz, S., Kafatos, G., Booth, L., Thomas, H.L., Walsh, A., Ramsay, M., Morgan, D., 2009. Hepatitis E outbreak on cruise ship. Emerging Infect. Dis. 15, 1738–1744.

Sánchez, I.J., Ruiz, B.H., 1996. A single nucleotide change in the E protein gene of dengue virus 2 Mexican strain affects neurovirulence in mice. J. Gen. Virol. 77 (Pt 10), 2541–2545.

Sanjuán, R., Cuevas, J.M., Furió, V., Holmes, E.C., Moya, A., 2007. Selection for robustness in mutagenized RNA viruses. PLoS Genet. 3, e93.

Sato, Y., Sato, H., Naka, K., Furuya, S., Tsukiji, H., Kitagawa, K., Sonoda, Y., Usui, T., Sakamoto, H., Yoshino, S., Shimizu, Y., Takahashi, M., Nagashima, S., Jirintai, Nishizawa, T., Okamoto, H., 2011. A nationwide survey of hepatitis E virus (HEV) infection in wild boars in Japan: identification of boar HEV strains of genotypes 3 and 4 and unrecognized genotypes. Arch. Virol. 156, 1345–1358.

Schlauder, G.G., Dawson, G.J., Erker, J.C., Kwo, P.Y., Knigge, M.F., Smalley, D.L., Rosenblatt, J.E., Desai, S.M., Mushahwar, I.K., 1998. The sequence and phylogenetic analysis of a novel hepatitis E virus isolated from a patient with acute hepatitis reported in the United States. J. Gen. Virol. 79 (Pt 3), 447–456.

Schlauder, G.G., Mushahwar, I.K., 2001. Genetic heterogeneity of hepatitis E virus. J. Med. Virol 65, 282–292.

Shi, Z., Hu, Z., 2008. A review of studies on animal reservoirs of the SARS coronavirus. Virus Res. 133, 74–87.

Shrestha, M.P., Scott, R.M., Joshi, D.M., Mammen, M.P., Jr, Thapa, G.B., Thapa, N., Myint, K.S.A., Fourneau, M., Kuschner, R.A., Shrestha, S.K., David, M.P., Seriwatana, J., Vaughn, D.W., Safary, A., Endy, T.P., Innis, B.L., 2007. Safety and efficacy of a recombinant hepatitis E vaccine. N. Engl. J. Med. 356, 895–903.

Shukla, P., Nguyen, H.T., Faulk, K., Mather, K., Torian, U., Engle, R.E., Emerson, S.U., 2012. Adaptation of a genotype 3 hepatitis e virus to efficient growth in cell culture depends on an inserted human gene segment acquired by recombination. J. Virol. 86, 5697–5707.

Shukla, P., Nguyen, H.T., Torian, U., Engle, R.E., Faulk, K., Dalton, H.R., Bendall, R.P., Keane, F.E., Purcell, R.H., Emerson, S.U., 2011. Cross-species infections of cultured cells by hepatitis E virus and discovery of an infectious virus-host recombinant. Proc Natl Acad Sci U S A.

Song, Y.-J., Jeong, H.-J., Kim, Y.-J., Lee, S.-W., Lee, J.-B., Park, S.-Y., Song, C.-S., Park, H.-M., Choi, I.-S., 2010. Analysis of complete genome sequences of swine hepatitis E virus and possible risk factors for transmission of HEV to humans in Korea. J. Med. Virol 82, 583–591.

Spontaneous mutations - An Introduction to Genetic Analysis - NCBI Bookshelf [WWW Document], 2012. . URL http://www.ncbi.nlm.nih.gov/books/NBK21897/

Stoszek, S.K., Abdel-Hamid, M., Saleh, D.A., El Kafrawy, S., Narooz, S., Hawash, Y., Shebl, F.M., El Daly, M., Said, A., Kassem, E., Mikhail, N., Engle, R.E., Sayed, M., Sharaf, S., Fix, A.D., Emerson, S.U., Purcell, R.H., Strickland, G.T., 2006. High prevalence of hepatitis E antibodies in pregnant Egyptian women. Trans. R. Soc. Trop. Med. Hyg. 100, 95–101.

Sun, Z.F., Larsen, C.T., Huang, F.F., Billam, P., Pierson, F.W., Toth, T.E., Meng, X.J., 2004. Generation and infectivity titration of an infectious stock of avian hepatitis E virus (HEV) in chickens and cross-species infection of turkeys with avian HEV. J. Clin. Microbiol. 42, 2658–2662.

Takahashi, M., Nishizawa, T., Sato, H., Sato, Y., Jirintai, Nagashima, S., Okamoto, H., 2011. Analysis of the full-length genome of a hepatitis E virus isolate obtained from a wild boar in Japan that is classifiable into a novel genotype. J. Gen. Virol. 92, 902–908.

Takahashi, M., Nishizawa, T., Tanaka, T., Tsatsralt-Od, B., Inoue, J., Okamoto, H., 2005. Correlation between positivity for immunoglobulin A antibodies and viraemia of swine hepatitis E virus observed among farm pigs in Japan. J. Gen. Virol. 86, 1807–1813.

Tam, A.W., Smith, M.M., Guerra, M.E., Huang, C.C., Bradley, D.W., Fry, K.E., Reyes, G.R., 1991. Hepatitis E virus (HEV): molecular cloning and sequencing of the full-length viral genome. Virology 185, 120–131.

Tam, A.W., White, R., Yarbough, P.O., Murphy, B.J., McAtee, C.P., Lanford, R.E., Fuerst, T.R., 1997. In vitro infection and replication of hepatitis E virus in primary cynomolgus macaque hepatocytes. Virology 238, 94–102.

Tanaka, T., Takahashi, M., Kusano, E., Okamoto, H., 2007. Development and evaluation of an efficient cell-culture system for Hepatitis E virus. J. Gen. Virol. 88, 903–911.

Tei, S., Kitajima, N., Takahashi, K., Mishiro, S., 2003. Zoonotic transmission of hepatitis E virus from deer to human beings. Lancet 362, 371–373.

Teng, M.N., Oldstone, M.B., de la Torre, J.C., 1996. Suppression of lymphocytic choriomeningitis virus--induced growth hormone deficiency syndrome by disease-negative virus variants. Virology 223, 113–119.

Tessé, S., Lioure, B., Fornecker, L., Wendling, M.-J., Stoll-Keller, F., Bigaillon, C., Nicand, E., 2012. Circulation of genotype 4 hepatitis E virus in Europe: First autochthonous hepatitis E infection in France. J. Clin. Virol. 54, 197–200.

Trifonov, V., Khiabanian, H., Rabadan, R., 2009. Geographic Dependence, Surveillance, and Origins of the 2009 Influenza A (H1N1) Virus. New England Journal of Medicine 361, 115–119.

Tsai, K.-N., Tsang, S.-F., Huang, C.-H., Chang, R.-Y., 2007. Defective interfering RNAs of Japanese encephalitis virus found in mosquito cells and correlation with persistent infection. Virus Research 124, 139–150.

Tscherne, D.M., García-Sastre, A., 2011. Virulence determinants of pandemic influenza viruses. J. Clin. Invest. 121, 6–13.

van Cuyck, H., Fan, J., Robertson, D.L., Roques, P., 2005. Evidence of recombination between divergent hepatitis E viruses. J. Virol 79, 9306–9314.

Velasco-Villa, A., Orciari, L.A., Juárez-Islas, V., Gómez-Sierra, M., Padilla-Medina, I., Flisser, A., Souza, V., Castillo, A., Franka, R., Escalante-Mañe, M., Sauri-González, I., Rupprecht, C.E., 2006. Molecular diversity of rabies viruses associated with bats in Mexico and other countries of the Americas. J. Clin. Microbiol. 44, 1697–1710.

Vetsigian, K., Goldenfeld, N., 2009. Genome rhetoric and the emergence of compositional bias. Proc. Natl. Acad. Sci. U.S.A. 106, 215–220.

Vignuzzi, M., Stone, J.K., Arnold, J.J., Cameron, C.E., Andino, R., 2006. Quasispecies diversity determines pathogenesis through cooperative interactions in a viral population. Nature 439, 344–348.

Viswanathan, R., 1957. Epidemiology. Indian J. Med. Res. 45, 1–29.

Wakita, T., Pietschmann, T., Kato, T., Date, T., Miyamoto, M., Zhao, Z., Murthy, K., Habermann, A., Kräusslich, H.-G., Mizokami, M.,

Bartenschlager, R., Liang, T.J., 2005. Production of infectious hepatitis C virus in tissue culture from a cloned viral genome. Nat. Med. 11, 791–796.

Wang, L.-F., Walker, P.J., Poon, L.L.M., 2011. Mass extinctions, biodiversity and mitochondrial function: are bats "special" as reservoirs for emerging viruses? Curr Opin Virol 1, 649–657.

Wang, Y., Ling, R., Erker, J.C., Zhang, H., Li, H., Desai, S., Mushahwar, I.K., Harrison, T.J., 1999. A divergent genotype of hepatitis E virus in Chinese patients with acute hepatitis. J. Gen. Virol 80 (Pt 1), 169–177.

Warrell, M.J., Warrell, D.A., 2004. Rabies and other lyssavirus diseases. Lancet 363, 959–969.

Wichmann, O., Schimanski, S., Koch, J., Kohler, M., Rothe, C., Plentz, A., Jilg, W., Stark, K., 2008. Phylogenetic and case-control study on hepatitis E virus infection in Germany. J. Infect. Dis 198, 1732–1741.

Williams, T.P., Kasorndorkbua, C., Halbur, P.G., Haqshenas, G., Guenette, D.K., Toth, T.E., Meng, X.J., 2001. Evidence of extrahepatic sites of replication of the hepatitis E virus in a swine model. J. Clin. Microbiol. 39, 3040–3046.

Wolfe, N.D., Dunavan, C.P., Diamond, J., 2007. Origins of major human infectious diseases. Nature 447, 279–283.

Wu, J.-C., Chen, C.-M., Chiang, T.-Y., Tsai, W.-H., Jeng, W.-J., Sheen, I.-J., Lin, C.-C., Meng, X.-J., 2002. Spread of hepatitis E virus among different-aged pigs: two-year survey in Taiwan. J. Med. Virol. 66, 488–492.

Xing, L., Wang, J.C., Li, T.-C., Yasutomi, Y., Lara, J., Khudyakov, Y., Schofield, D., Emerson, S.U., Purcell, R.H., Takeda, N., Miyamura, T., Cheng, R.H., 2011. Spatial configuration of hepatitis E virus antigenic domain. J. Virol. 85, 1117–1124.

Yamada, K., Takahashi, M., Hoshino, Y., Takahashi, H., Ichiyama, K., Nagashima, S., Tanaka, T., Okamoto, H., 2009. ORF3 protein of hepatitis E virus is essential for virion release from infected cells. J. Gen. Virol. 90, 1880–1891.

Yamada, K., Takahashi, M., Hoshino, Y., Takahashi, H., Ichiyama, K., Tanaka, T., Okamoto, H., 2009. Construction of an infectious cDNA clone of hepatitis E virus strain JE03-1760F that can propagate efficiently in cultured cells. J. Gen. Virol 90, 457–462.

Yarbough, P.O., Tam, A.W., Fry, K.E., Krawczynski, K., McCaustland, K.A., Bradley, D.W., Reyes, G.R., 1991. Hepatitis E virus: identification of type-common epitopes. J. Virol. 65, 5790–5797.

Yeung, M.C., Chang, D.L., Camantigue, R.E., Lau, A.S., 1999. Inhibitory role of the host apoptogenic gene PKR in the establishment of persistent infection by encephalomyocarditis virus in U937 cells. Proc. Natl. Acad. Sci. U.S.A. 96, 11860–11865.

Zhang, W., Yang, S., Ren, L., Shen, Q., Cui, L., Fan, K., Huang, F., Kang, Y., Shan, T., Wei, J., Xiu, H., Lou, Y., Liu, J., Yang, Z., Zhu, J., Hua, X., 2009. Hepatitis E virus infection in central China reveals no evidence of cross-species transmission between human and swine in this area. PLoS ONE 4, e8156.

Zhao, C., Ma, Z., Harrison, T.J., Feng, R., Zhang, C., Qiao, Z., Fan, J., Ma, H., Li, M., Song, A., Wang, Y., 2009. A novel genotype of hepatitis E virus prevalent among farmed rabbits in China. J. Med. Virol 81, 1371–1379.

Zhao, Q., Zhou, E.M., Dong, S.W., Qiu, H.K., Zhang, L., Hu, S.B., Zhao, F.F., Jiang, S.J., Sun, Y.N., 2010. Analysis of avian hepatitis E virus from chickens, China. Emerging Infect. Dis. 16, 1469–1472.

Zheng, Z.-Z., Miao, J., Zhao, M., Tang, M., Yeo, A.E.T., Yu, H., Zhang, J., Xia, N.-S., 2010. Role of heat-shock protein 90 in hepatitis E virus capsid trafficking. J. Gen. Virol. 91, 1728–1736.

Zhong, J., Gastaminza, P., Cheng, G., Kapadia, S., Kato, T., Burton, D.R., Wieland, S.F., Uprichard, S.L., Wakita, T., Chisari, F.V., 2005. Robust hepatitis C virus infection in vitro. Proc. Natl. Acad. Sci. U.S.A. 102, 9294–9299.

Zhu, F.-C., Zhang, J., Zhang, X.-F., Zhou, C., Wang, Z.-Z., Huang, S.-J., Wang, H., Yang, C.-L., Jiang, H.-M., Cai, J.-P., Wang, Y.-J., Ai, X., Hu, Y.-M., Tang, Q., Yao, X., Yan, Q., Xian, Y.-L., Wu, T., Li, Y.-M., Miao, J., Ng, M.-H., Shih, J.W.-K., Xia, N.-S., 2010. Efficacy and safety of a recombinant hepatitis E vaccine in healthy adults: a large-scale, randomised, double-blind placebo-controlled, phase 3 trial. Lancet 376, 895–902.

www.ingramcontent.com/pod-product-compliance
Lightning Source LLC
Chambersburg PA
CBHW021050210326
41598CB00016B/1163